数学
——应用与思考

甘良仕◎著

U0302078

华中科技大学出版社
http://www.hustp.com
中国·武汉

图书在版编目(CIP)数据

数学:应用与思考/甘良仕著. —武汉:华中科技大学出版社,2016.10
ISBN 978-7-5680-2017-6

Ⅰ.①数… Ⅱ.①甘… Ⅲ.①数学-青少年读物 Ⅳ.①O1-49

中国版本图书馆 CIP 数据核字(2016)第 155680 号

数学——应用与思考 甘良仕 著
Shuxue——Yingyong yu Sikao

策划编辑:王汉江
责任编辑:王汉江
封面设计:范翠璇
责任校对:张会军
责任监印:周治超
出版发行:华中科技大学出版社(中国·武汉) 电话:(027)81321913
　　　　　武汉市东湖新技术开发区华工科技园 邮编:430223
录　排:武汉市洪山区佳年华文印部
印　刷:武汉鑫昶文化有限公司
开　本:710mm×1000mm　1/16
印　张:13　插页:1
字　数:255 千字
版　次:2016 年 10 月第 1 版第 1 次印刷
定　价:32.80 元

名人名言

数学由于实际的需要,在古代便已经产生了,现在发展成为一个分支众多的庞大系统。数学与其他科学一样,反映了客观世界的规律,并成为理解自然和征服自然的有力武器。

——A. D. 亚历山大洛夫

任何一门学科只有充分利用了数学才能够达到完美的境界。

——马克思

宇宙之大,粒子之微,火箭之速,化工之巧,地球之变,生物之谜,日用之繁,无处不用数学。

——华罗庚

序言

数学是随人类文明的开始就有了的一门学问.

在生活、生产中发生的"多"和"少"、"有"与"无"等现象中,产生了数的概念,如自然数.随着社会实践的不断深入和扩大,对涉及温度的"热"和"冷"、生产成本的"盈"与"亏"等现象,产生"正数"和"负数"的概念.从整数到分数,从有理数到无理数,都是这样的.

随着人类生产发展和科学技术的进步,数学的内容越来越丰富,数学理论也越来越深,但它的抽象性和精确性使它的应用越来越广泛,也就是说,在人类社会实践中,数学的地位与应用越来越显得重要,且不可缺少.所以,人们把数学称为"科学中的皇后和仆人".

今天,在电子信息时代里,没有人对数学的重要地位表示怀疑,数学被看作人们步入科学殿堂的总钥匙.无论是自然科学、社会科学,还是经济学等,无一例外.

大家知道,每个人开始学语言时,父母就对小孩进行数数启蒙教育,学说一、二、三、四、五,再学六、七、八、九、十,往下学"一而十""十而百""百而千""千而万".学习人类长期积累下来的数学成果,使他们成为一个"识数"的孩子.

数学应用教育的学习,对每个人来说是十分重要的,它不仅是人对生活、生存、学习和工作的需求,而且对培养学生的思维能力、解决实际问题能力、自学阅读能力等,也是非常重要的.因此,有人称"数学是锻炼思维的体操".

选读一本好的数学应用启蒙书,对青少年来说是十分重要的,我记得上小学四年级时,父亲从城里给我买回了一本厚书——《小学升学指导》,含语文、算术、自然、历史、地理等内容.当时,我是一个从未走出过大山的孩子,读了两年私塾,插班到小学四年级学习,拿到这本书时,我感到特别高兴.

《小学升学指导》是我当时唯一的一本课外读物,怀着好奇的心情,我认认真真地阅读算术部分的内容,从中我学到了许多课本上没有的知识,获益很多,萌发了对数学学习的兴趣,数学成绩渐渐地提高了许多.深深记得:一次算术考试以后,数学老师十分生气.上课时,老师把不及格的同学,一个一个地叫到教室后面跪在地上,最后只有我一个人没被叫,我忐忑不安地坐在位子上,老师问:"为什么要你们下跪呢?"大家跪下都低头不语,只是摆头.老师说:"你们都考得不及格,所以要你们跪下想想."我暗暗地想:"以后要更努力地学习算术."这本书对我影响十分深远,终生难忘.

　　当我读了两年小学快毕业时,家乡解放了,我在家里继续自学《小学升学指导》中的算术、自然等内容,第二年春天考入县级中学读初一下学期.我喜欢数学,成绩一直较好,毕业时被保送到地区师范学校学习,后来考入师范大学数学系学习.大学毕业后,成为一名大学数学教师,执教 40 余年.回忆人生路,感慨万千:其一,我的童年年代,父亲给我买了第一本好的启蒙书,引导我走出了大山;其二,我从学习、教书育人中,有时探索前进,有时误入迷宫,受启发和感慨的地方不少.这些经历使我萌发写一本数学科普书,献给广大青少年读者,特别是贫困地区的青少年读者,也借此缅怀我敬爱的父亲!

　　写什么,怎样写呢?我查阅了国内 20 世纪六七十年代老一辈数学家们写的中学生数学课外读物和当今的中小学生数学辅导书,也翻阅了国外的中小学数学教材和课外读物,感受颇深,启发较大:应较早地向青少年读者介绍较多的数学基础知识,将传授、启迪、培养数学应用素质和能力于一体,培养他们自学、阅读、动手、动脑、独立思考、灵活应用于实践等能力.所以,我写了《数学——应用与思考》一书.

　　该书以生活应用为主线,具有启蒙入门的特点.

　　第一,将现实生活中应用到的、可接受的较广泛的数学基础知识予以介绍.如数系、数列、集合、同余、数轴、十进制、二进制、八进制、方程、行列式、网络图、统筹方法和优选法等,使青少年读者能较早地接触较多的数学内容,明白数学不仅是算术、代数、几何……还有更多的内容,让他们在青少年时受到良好的数学内容的熏陶,为进一步学习数学奠定基础.

　　第二,学用结合,应用为先.巴斯德说:"实验室和发明是两个密切相关的名字,没有实验,自然科学就会枯萎."为此,该书把培养学生动手、动脑、观察、应用等能力和良好的学习习惯贯穿于全书,力争使理论知识与应用相结合,动手与动脑相结合,观察与抽象概括相结合.如在流水问题中要求学生动手、动脑测试河流水速;介绍十进制时,引入二进制和八进制;在统筹方法中,要求用运筹思想方法于实践生活中,等等.

　　第三,在应用能力方面,加强培养学生不拘一格灵活运用的能力.1853 年马克思信告恩格斯:我在编写《经济学原理》时,由于计算错误大大地阻碍了我的工作,我对算术总是生疏的,不过间接地用代数方法,我很快计算正确了.这告诉我们,灵活应用能力是十分重要的.在该书中,使用了解方程去求解许多算术应用题,如行程问题、流水问题、化循环小数为分数等.又如,在数列中介绍用等比数列化循环小数为分数,以拓宽学生应用的视野.

　　第四,该书叙述力求通俗易懂,方便自学.通过自学,培养学生独立思考和独立判断的能力.如介绍抽象概念时,从具体实例导入,让学生观察,进行思考比较,进行判断、推理和应用.

第五,该书注重介绍数学历史事迹,特别是介绍我国在数学中的辉煌成就和杰出数学家的功绩,以激励学生的学习和爱国热情.如讲无理数 π 时,介绍刘徽割圆术和祖冲之的圆周率的计算;讲二进制时,介绍八卦;等等.

第六,思考问题是该书的重要组成部分之一,有实验型、应用型、发散探讨型和创新型等,旨在引导读者在学习中善于应用,在应用中勤于思考.为此,全书配置了大量思考题,希望起到抛砖引玉的作用.

该书从提笔到落笔已数年了,在这漫长的写作过程中,得到了全家人的关心、支持和帮助,特别是从教 40 余年的夫人.教书育人、重能力培养等观念,都浸染在该书内容构筑和思考题的配置之中.两个上中、小学的孙子,给我许多难得的鲜活的资料和例题解法,使该书在可读性和可接受性等方面增色很多.

回首成书出版之时,万分感谢给予我帮助的所有人,衷心地向他们致谢!

由于作者精力、时间和水平有限,书中不足和错误之处在所难免,诚望读者批评指正,以便进一步修改完善!

甘良仕

2016 年 9 月于湖北工业大学

前言

　　该书涵盖对数学知识的认知和感受,从少儿对数学的自学启蒙到数学专业的学习,从数学教学、科研到生活中数学的应用,促使我写了本书.

　　一个民族没有较好的文化素养是不行的,因为没有文化的民族,不可能成为一个先进的民族,没有数学应用素养的民族,不可能成为一个聪明的民族,对每个人来说也是这样的.提高人的数学应用素质是必需的,应从青少年儿童开始进行普及教育.

　　数学的应用范围是十分广阔的,数学的基本算律、性质、方法等,除了在数学方面应用外,还广泛地应用到人们的生活及社会实践活动中.这里仅介绍学习及生活中常见、易学的一些算律、数制、集合、数列、方程等方面的应用,以及网络方法的应用,运筹思想及统筹方法的应用,择优思想及 0.618 法的应用,等等.

　　"师傅引进门,修行在个人."引导入门是重要的第一步,因此该书仅归纳"数系与数列"、"方程及应用"和"数学与生活"三篇作为启蒙学习内容.

第1篇　数系与数列

一、数制问题

　　在生活中我们学过的数制很多,有二进制、八进制、十进制、十六进制等等,学生学习十进制数后,就很少学习别的数制了,在计算机普及的今天,二进制数与十进制数一样常见.随着科技的发展,新的数制将会出现,为让学生能获得更多的进位制记数方法,以适应新时代的需要,此书在引导学生概括十进制数规律的基础上,介绍二进制数的记数法,以及两种记数间的转换关系,然后进一步介绍八进制的记数法,以达到举一反三的目的.

　　在二进制数方法中,还介绍两种趣味性应用:猜年龄和用数记图.以此来开阔学生的思路.

二、数系问题

在生活中负数并不陌生,例如:气温记数有正数和负数,楼层记数有正数和负数,经营利润记数有正数和负数,等等.所以学生学完正有理数后引入负数是很自然的,也是可行的,这样可以让学生顺理成章地知道完整的有理数概念.

在有理数系(有理数域)中,介绍运算(加法、乘法)及算律,为进一步学习代数运算奠定启蒙基础.

在正有理数运算中,加法运算和减法运算是两种不同的运算,当数系扩大到有理数系时,数可以是正数,也可以是负数,所以加、减两种运算就变为一种运算了,统称为加法运算.如 $5-7$ 可以写成 $5+(-7)$,其和称为代数和.为了培养学生实用的习惯和能力,在有理数运算及算律的讲解中,多用实例引入,从而进一步提高学生的思维能力和实际应用能力.

在有理数系扩大到实数系(实数域)时,告诉学生无理数是一类无限不循环的小数,是一些实实在在的数,而且有无穷多个,特别指出两个重要的无理数 π 和 e.人们对 π 的认识是漫长的.我国早在公元 100 年前,就有"周三径一",再到刘徽(公元 263 年)用"割圆术"求 π 值以及祖冲之(公元 429—500 年)算出 $\pi=3.1415926$ 等所取得的辉煌成就.1000 多年后英国数学家里尚克斯算出 π 值小数后的 707 位,今天用超级计算机可以计算出 π 值小数后的 5 万亿位.

三、集合与同余

集合是数学的重要概念之一,也是生活中常见的群体,如一个班的学生、一群大雁、一群羊、一堆食物等群体,都是集合.中国古语有"物以类聚"的说法,集合是一个普通的概念,在数系中,有自然数集、奇数集、偶数集,一个月的天数集合等等,都是集合,所以在数系中介绍集合概念是自然的.这样可以培养学生用集合的观点和方法去思考问题和解决问题.

此外,还介绍一种常见的数集——同余数集,及应用,即余数相同的数所组成的集合.如一月中凡是周一的天数集合,周二的天数集合,如周一天数为 1,8,15,22,29 日,周二的天数为 2,9,16,23,30 日,等等.

四、数列概念及应用

在数学学习中,遇到不少数列,如自然数列、奇数列、偶数列、质数列等等.在生活中也常见一些数列的例子,如一年的 12 个月(1,2,3,…,12),一个月的天数(1,2,3,…,30,31),一周的 7 天(1,2,…,7),家族繁衍的每代人数数列,细菌繁衍的细菌数数列;等等.古代人也早知"尺竿折半,永不绝",即数列 $1,\dfrac{1}{2},\dfrac{1}{4},\cdots$.所以让青少年早认识数列概念是社会生活和学习的需求,从而培养他们善于从整体中探究事物发展变化的能力.

16 世纪德国乡村小学有一个 6 岁的儿童计算 $1+2+\cdots+100$ 时,就是利用数列的特性很快算出了结果.今天一些国家小学数学教材,已引入了数列概念,如已知一列数为 $2,6,30,210,2310,3030,\cdots$,要求学生写出数列后的两个数来,等等.

从现实和客观上来看,早日让青少年略知最简单数列概念,是必要的、有益的,也是水到渠成的.

在学生学习简单数列的基本知识,知晓等差数列和等比数列的特性后,掌握两种数列求有限和的计算方法,培养学生在运动变化中全面观察,细心分析思考,发现数列规律的能力,是很有必要的.

此外,还介绍等比数列无限和公式的应用——化循环小数为分数.

第 2 篇　方程及应用

公元 100 年左右中国人已把方程应用在实践生活中,它是一种较好的求解数学应用问题的方法.方程内容丰富,应用广泛,有代数方程、微分方程、数学物理方程,等等.

今天有的国家已把方程的简单知识引入小学数学教材中.因为小学数学教材中的应用题的内容很重要,应用广泛,但题型多,公式多,加之学生实践经历少,感到难学,在学习时花费时间较多,最后遗忘快,效果不好.正如马克思在回忆时说:"应用时全忘了."我曾感慨地说:"小学时,应用题我囫囵吞枣地学过,真正掌握的内容不多,上初中时,应用方程知识后认为应用题并不难学了."所以用解方程的方法求解应用题,是破解学习小学应用题困难的一种较好的途径.一方面有助于学生对方程知识的了解,另一方面为进一步学习方程的新知识奠定基础.

本篇用直观方法引入等式概念,过渡到一元一次方程概念,用方程和方程组来解应用题,如行程问题、行船问题、盈亏问题、年龄问题等.

此外,用解方程的方法可以化循环小数为分数.

第 3 篇　数学与生活

应用数学的思想方法是人类有史以来长期的聪明智慧的结晶,每个人应知晓它,学习它,再把它用于实践生活中,使自己成为一个聪明人.因此,本篇向青少年介绍一些应用数学的思想方法,使其早日接受启蒙熏陶,培养用应用数学的思想方法去思考和处理发生在自己周围的一些事件,使自己成为实践中的智者.

一、网络问题

生活在网络、信息时代里,无论事物千变万化,基本规律总是孕育其中的,我们要善于发现它,利用它.

人们从一地出发，游走七座桥回到原处，到欧拉回路和通路的发现；从邮递员走街串巷送邮件，到中国邮路问题的提出和证明；乃至在公园景点图上寻找一条从出发处回到原地不走重复路或少走重复路的最短路；或在某工厂把产品送到销售地，寻找一条最短的运输路线，即运费便宜，或时间最短，等等，都是一个在网络图上寻找一条最优路线问题，这些都是网络思想方法在实践中的一种应用.

二、运筹帷幄

在实践活动乃至生活中，善于运筹帷幄，达成"多""快""好""省"的效果，较好地完成"目标"任务，应用统筹方法是十分常见的事，我们常说"统筹安排""纲举目张""抓主要矛盾""见缝插针"等都是统筹思想方法在实践中的一些通俗描述.

古代北宋真宗时期皇宫失火受毁，有人运用统筹思想方法，在较快的时间内把皇宫修复好了，省时省钱. 现在一项大工程都是由许许多多的事件组成的，利用统筹方法进行科学安排，就能保证工程任务在最短时间内完成好. 餐馆厨师在顾客点菜后，若用统筹思想方法进行安排，可使客人在最短的时间内用餐. 由此可见，统筹思想方法在我们工作和生活中到处都可应用.

三、择优问题

"选择优好"是人的本性，如何从众多之中选优，达到最佳结果，省时、省力、省钱，这是人们所追求的.

从古至今，人们不断探求，获得了一些优选的方法，如黄金分割法是其中一种，早于中世纪，欧洲人用黄金分割法做窗户，认为做出来的窗户最好、最美，古希腊学者柏拉图将黄金分割法用于作曲中，成就传世之作. 今天有人将黄金分割比用于营养配比中，认为是健康食品，等等.

20 世纪 40 年代人们将黄金分割法用于军事、工业方面，称为 0.618 法，70 年代我国将它用于工业、农业、科学实验等方面，用较少实验次数取得了最优结果.

此外，人们还将 0.618 法用于近似计算中，求出最佳近似值.

甘良仕
2016 年 9 月

目录

第2篇 方程及应用

第3篇 数学与生活

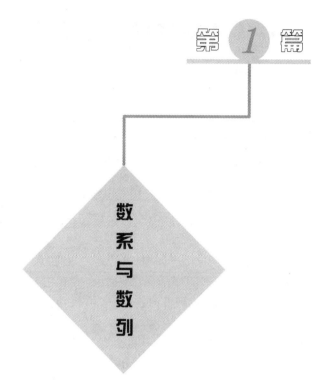

第 **1** 篇

数系与数列

要辩证而又唯物地了解自然，就必须熟悉数学。

——恩格斯

为了使成熟的科学更成熟些，为了使还没有成熟的科学变为成熟，我们必须重视数学，并且促使它更快地发展起来。

——华罗庚

数的概念的形成是非常漫长的,是时代的产物,是世界上许多民族实践的结果.相互传播,相互学习,不断地改进,形成了今天的数的知识、记数符号、记数方法和运算.

人们在实践中,根据需要产生数的文字和记数符号,同时相伴产生记数方法、计数工具和运算.我国于殷代时期用甲骨文字一、二、三、亖、ㄨ、ㅅ(∩)、十、)(、⫯,表示数一、二、三、四、五、六、七、八、九、十,"二"表示"一"上加"一","三"表示"二"上加"一","亖"表示"三"上加"一".在数的记法上采用十进制来记数,它和现在的十进制一样,不同之处是记数符号.记数符号有:

纵式	│	‖	⫼	⫼⎮	⫼‖	┬	┰	┰⎮	┰‖	□
横式	─	═	≡	≣	≣─	⊥	⊥	⊥	═	□
现代	1	2	3	4	5	6	7	8	9	0

记数时,个位用纵式,十位用横式,百位用纵式,千位用横式,万位用纵式,以此类推.如264记为"‖⊥⫼⎮",6708记为"⊥┰□⫼⎮"等.后来印度数字、阿拉伯数字传入中国后,人们渐渐用阿拉伯数字0,1,2,3,4,5,6,7,8,9来记数.

在计算方面,中国古代人的成就十分卓越,公元前500年就用九九表进行乘法运算,九九表与今天的九九表相同,计算工具采用算筹,除用它进行四则运算外,还用它进行开平方、开立方、求比例、求级数等较复杂的运算,故计算工具改用珠算,用算盘进行运算.算盘是当时世界上独有的一种较好的计算工具.

数列也同数一样,很早就被人认识,它广泛地应用于生活实践中.

公元前三世纪,希腊人就认识到数列是可以无限地延续下去的一列数,可运用任何给定的一些数去讨论一般的数:从单个给定的数到任何可能的数.如希腊数学家阿基米德(公元前287—212年)发表了《论数砂》的论文,指出数砂粒的方法,这在当时是十分不易的事情.

我国古代人对数列也早有见识,约公元前二世纪,庄子说过:"惠施多方,其书五车",惠施说:"一尺之棰,日取其半,万世不竭."即每日取下的长为数列:

$$1, \frac{1}{2}, \frac{1}{4}, \frac{1}{8}, \frac{1}{16}, \frac{1}{32}, \cdots.$$

公元前100年左右,在《九章算术》中记载:"今有女子,善织日自倍,五日织五尺,问日织几何?"即等比数列 $a_1, 2a_1, 4a_1, 8a_1, 16a_1$,求每天各织多少?在《周髀算经》一书中,还讲到等差数列的问题.

此外,三国时期数学家刘徽利用正多边形数列:

$$3, 6, 12, 24, 48, 96, 192, \cdots$$

计算圆周率.

因此,本篇向读者介绍数系与数列两个内容.

第 1 章

实　　数

1.1　自然数

1.1.1　十进制

自有人类以来,人在社会实践活动中,常遇到"有"与"无"、"多"与"少"等事件,如打猎有多少人,采摘野果多少人,两猎队猎物谁较多,等等,由比较多少、大小的需要,在数数过程中产生一、二、三、四、五、六、七、八、九,用阿拉伯数字表示为1,2,3,4,5,6,7,8,9."零"表示没有事物,记为"0".

因为生产活动范围的扩大和发展的需要,首先产生用十进制方法来读数和记数的,其法则是用0,1,2,3,4,5,6,7,8,9十个数字和数位来读数和记数.数位从右到左依次为"一位"、"二位"、"三位"、"四位"等,称为"个位"、"十位"、"百位"、"千位"等.数位上的值称为数值,依次为"1"、"10"、"100"、"1000"等,数位间的关系是:10个1称为"十",10个十称为"百",10个百称为"千"等,即在计数中"逢十进一"."1"为基本单位.此法则被称为数的十进制,如表所示:

……	六(位)	五(位)	四(位)	三(位)	二(位)	一(位)	数　位
……	十万位	万位	千位	百位	十位	个位	数位名称
……	100000 (10^5)	10000 (10^4)	1000 (10^3)	100 (10^2)	10 (10^1)	1 (10^0)	位值
……	5	4	7	5	8	2	例题

注:$n(n>1)$个数 $a(a>0)$ 的积 $\underbrace{a\times a\times \cdots \times a}_{n\uparrow a}$ 称为 a 的 n 次方,用 a^n 表示,即 $a^n=\underbrace{a\times a\times \cdots \times a}_{n\uparrow a}$.特别地,$a^0=1,a^1=a$.如 $10^0=1,10^1=10,10^4=10\times 10\times 10\times 10=10000$,等等.

例1　数 547582 读作五十四万七千五百八十二,个位上的数字是 2,表示 2个,数值为 2;十位上的数字是 8,表示 80,数值为 80;百位上的数字是 5,表示 500,数值为 500;千位上数字是 7,表示 7000,数值为 7000;万位上数字是 4,表示40000,数值为 40000;十万位上数字是 5,表示 500000,数值为 500000.由此可知数字相同,而不同数位上的数值却不同.像百位与十万位上的数字都是 5,而一个表示 500,另一个表示 500000.

547582 可表示为:

$$547582 = 500000 + 40000 + 7000 + 500 + 80 + 2$$
$$= 5 \times 100000 + 4 \times 10000 + 7 \times 1000 + 5 \times 100 + 8 \times 10 + 2$$
$$= 5 \times 10^5 + 4 \times 10^4 + 7 \times 10^3 + 5 \times 10^2 + 8 \times 10 + 2.$$

一般来说,任一个十进制数可表示成各数位上数字与 10 的方幂的积的和.

什么叫做自然数呢? 就是由十个基本数字:0,1,2,3,4,5,6,7,8,9 按十进制法则组成的数.例如,

$$1,2,3,4,5,6,7,8,9,10,11,12,\cdots$$

叫做自然数,亦称为正整数.如 3975,1001 等都是正整数.

自然数就是用十进制表示的数,它在实用中有两种意义:一是表示量的多少,称为基数,如 5 个苹果,8 斤大米,5 和 8 都是基数;二是表示次序的编号,称为序数,如在一列队伍中,从左到右的第五人,称为 5 号,5 是序数,又如一列火车,从车头开始数到第 11 列车厢,11 为序数,等等.

例 2 有两个数,其和为 792,已知第一个数的末位是 0,若去掉 0,则所得的数与第二个数相同,问两个数各是多少?

解 从题设中可知第一个数是三位数,第二个数是两位数.设第二个数个位上的数字为 x,十位上的数字为 y,即数为 yx,那么第一个数为 $yx0$.由于两数之和

$$yx0 + yx = y(y+x)x = 792,$$

所以 $x=2$,而两个数的各数位上数字之和

$$y + y + x + x = 2y + 2x = 7 + 9 + 2 = 18,$$

可得 $2y + 4 = 18, y = 7$.因此第一个数为 720,第二个数为 72.

 　（1）0 是正整数吗?

（2）将数 31057 表示数位上数字与 10 方幂的积的和.

（3）已知一个三位数,个位上数字是十位上数字的 2 倍,十位上数字是百位上数字的 2 倍,而且这个三位数的各数位上数字的和是 14,问该三位数是多少?

（4）写出数 51079 中各位数字的数值是多少?

1. 1. 2　自然数列

自然数列是十进制数,有无穷多个,如果我们把它按照自然顺序(从左到右,从小到大)排列为

$$1,2,3,4,5,6,7,8,\cdots.$$

我们称它为自然数列.数列中任何一个数称为数列的项.

　　数列　　　　　　　　　$0,1,2,3,4,5,6,\cdots$

称为扩大自然数列.数列中任一个数称为数列的项.

　　自然数列中,任意两个相邻项,相差为 1,如 5 与 6、9 与 10 都相差为 1.反之,自然数列中任意两个项,若相差为 1 时,我们称它们为邻项.如 81 与 82 为自然数列中的两个邻项.

1.1.3　奇数与偶数

　　在自然数列中,2 的 1 倍是 2,2 的 2 倍是 4,2 的 3 倍是 6,2 的 4 倍是 8,等等.一般地,如果某数是 2 的倍数时,称它为偶数,即某数能被 2 整除(或某数被 2 除时,商为整数)时,称它为偶数,否则称它为奇数.

　　例如,$36 \div 2 = 18,36$ 能被 2 整除,说明 36 是偶数,而 $37 \div 2$ 的商不是整数,说明 37 为奇数.

　　在自然数列中,2,4,6,8,10,12 等都是偶数,而 1,3,5,7,9,11 等都是奇数.一般地,用 $2n$ 表示偶数,$2n+1$ 表示奇数,n 为整数.

　　将偶数依次排列为

$$2,4,6,8,10,12,14,\cdots,$$

称它为偶数列.偶数列的任何两个相邻项相差为 2.如 26 与 24,$26-24=2$.

　　将奇数依次排列为

$$1,3,5,7,9,11,13,\cdots,$$

称它为奇数列.奇数列的任何两个相邻项也相差为 2.如 45 与 47,$47-45=2$.

　　显然可知:任何两个偶数的和为偶数,任何两个奇数的和也为偶数.

　　例如,　　　　　　　$84+72=156,\quad 35+37=72.$

思考题　　(1) 0 是奇数,还是偶数?

　　(2) 如果自然数列 1,2,3,4,5,6,7,8,9,10,11,$\cdots$,30 中划去所有奇数项,剩余的数是一些什么数?

　　(3) 如果自然数列 1,2,3,4,5,6,7,8,9,10,11,$\cdots$,30 中划去所有偶数项,剩下的数是一些什么数?

1.1.4　质数与合数

　　如果某数除了 1 和它本身之外,不能被其他整数除尽(称为整除)的大于 1 的自然数,叫做质数,又称素数.

如果某数除了 1 和它本身之外,还能被其他整数除尽的自然数,叫做合数.

例如,2,3,5,7,11,13,…是质数,4 是合数,因为除了用 1 和 4 能整除($4÷1=$ $4,4÷4=1$)外,还有 2 能整除它($4÷2=2$).同样,6,8,9,…都是合数.

需要强调的是,1 既不是质数,也不是合数.

数列 2,3,5,7,11,13,…称为质数列.

思考题

(1) 写出 100 以内的质数和合数.

(2) 121 是质数,还是合数呢? 除了 1 以外,自然数中还有既不是质数,又不是合数的数吗?

(3) 从小到大用线连接下面邻近的质数点.

(4) 质数一定是奇数吗? 奇数一定是质数吗?

1.1.5 约数与倍数

如果某数能被某些整数除尽(整除)时,我们称这些整数为某数的约数.如 6 能被 1,2,3,6 整除,称 1,2,3,6 为 6 的约数;15 能被 1,3,5,15 整除,称 1,3,5,15 为 15 的约数;又如 12 能被 1,2,3,4,6,12 整除,称 1,2,3,4,6,12 为 12 的约数.而 1,3 称为 6,12,15 的公共约数,简称公约数,3 称为它们的最大公约数.

如果某数的若干倍,称它们为某数的倍数.如 4 的倍数有 4,8,12,16,20,24,28,32,36,…;6 的倍数有 6,12,18,24,30,36,…,其中 12,24,36,…是 4 和 6 的公倍数,而 12 为它们的最小公倍数.

（1）求 16 和 18 的约数和最大公约数、倍数和最小公倍数；求 8,18,24 的最大公约数和最小公倍数.

（2）已知数列 2,6,30,210,2310,30030,…,请写出后面两项.

1.2　整数

在生活中,人们常说:你"会"还是"不会","去"还是"不去","吃"还是"不吃"等等,这些都是含有正反的问话.

在工作中,人们还遇到一些事情,例如:某工厂本月产值增加了,而上月产值减少了;某食品厂今年盈利了,去年亏损了;甲住在城东,而乙住在城西;气温是零上还是零卜(摄氏度);房屋的楼层是在地上还是在地下;等等. 这些问题,如何表示呢? 需要引入负数的概念.

1.2.1　负数概念的引入

负数在我国产生极早,公元 263 年在《九章算术》中引入了负数概念和负数、正数加减运算法则,这远早于印度和欧洲. 而今天负数的应用到处可以见到. 例如:零上 5 度记为"5℃",零下 10 度记为"-10℃";盈利 45 元记为"45 元",亏损 4.5 元,记为"-4.5 元";地下的楼层直接称为"-1 楼"、"-2 楼",地面上的楼层称为"1 楼"、"2 楼";等等.

我们称 -1 是 1 的相反数,-2 是 2 的相反数,-45 是 45 的相反数等,也称 1 是 -1 的相反数,2 是 -2 的相反数,45 是 -45 的相反数等.

例如,某人要坐电梯向下到 -2 楼,但上电梯后向上到了 2 楼,显然 2 楼是 -2 楼的相反楼层.2 与 -2 是互为相反数.

由此得:1 的相反数为 -1,2 的相反数为 -2,3 的相反数为 -3,4 的相反数为 -4,……;反之,-1 的相反数为 1,-2 的相反数为 2,-3 的相反数为 3,-4 的相反数为 4,…….

一般来说,若整数为 a,我们将 a 的相反数记为 $-a$;反之,$-a$ 的相反数为 a. 因此,称 a 与 $-a$ 互为相反数.特别地,0 的相反数为 0.

若 a 为正整数时,它的相反数记为 $-a$,称 $-a$ 为 a 的负数.

例如,1 的负数为 -1,2 的负数为 -2,3 的负数为 -3,4 的负数为 -4,……. 由此可知:正整数 a 的相反数为负整数 $-a$.

若 a 为负整数时,它的相反数记为 $-a$,如 -1 的相反数记为 $-(-1)$,-2 的相反数记为 $-(-2)$,-3 的相反数记为 $-(-3)$,……. 根据相反数的意义可知:-1

的相反数是 1，－2 的相反数是 2，－3 的相反数是 3，……，所以有 $-(-1)=1$，$-(-2)=2$，$-(-3)=3$，…….

一般地，有 $-(-a)=a$. 由此可得：负整数 $-a$ 的相反数为正整数 a.

思考题

(1) 写出数 $-5,9,101,-30,0$ 的相反数.

(2) 你能举实例说明 3 是 -3 的相反数吗？

(3) 请回答：数 $7,-7,5,-3,0,-19,20$ 的相反数分别是什么？

1.2.2　整数大小的比较

自然数 $1,2,3,\cdots$ 是全体正整数，而它们的负数是 $-1,-2,-3,\cdots$，它们为全体负整数.

由于 0 既不是正整数，又不是负整数，称它为正整数与负整数的分界数. 所以称正整数、0 和负整数的全体为整数. 即 $\cdots,-5,-4,-3,-2,-1,0,1,2,3,4,5,\cdots$ 为整数.

整数可以用一条叫做数轴的直线上的点来直观地表示. 数轴是一条确定了方向、原点和单位长度的直线. 原点对应数 0，用长度单位于原点两侧截取各分点，分别对应负整数和正整数，如图 1-1 所示.

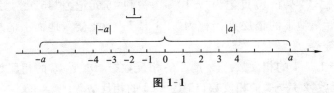

图 1-1

从图 1-1 上可知：

(1) 正整数的对应点在原点右侧（正方向），负整数的对应点在原点左侧（负方向）.

(2) 任一整数和它的相反数，分居在原点两侧，且它们的对应点到原点的距离相等，我们称这两个点关于原点对称.

设正整数 a 和相反数 $-a$ 关于原点对称，它们的对应点到原点的距离记为 $|a|$ 和 $|-a|$，且 $|-a|=|a|=a$. 因此，若 a 为整数，称 $|a|$ 为 a 的绝对值，见图 1-1.

例如，5 与 -5 关于原点对称，它们到原点的距离为 5，$|-5|$ 为 -5 的绝对值，$|5|$ 为 5 的绝对值，且 $|-5|=|5|=5$.

0 的绝对值为 0，即 $|0|=0$.

(3) 数轴上的单位分点与整数是一一对应的，即每个分点对应一个整数，反之，每一个整数对应一个分点. 正整数越大，距原点越远，负整数越小，距原点也越远.

若用符号">"表示"大于"关系,那么 4 大于 1,记为"4>1".若用符号"<"表示"小于"关系,那么"2 小于 3",记为"2<3".

整数间的大小关系为:

$$\cdots<-5<-4<-3<-2<-1<0<1<2<3<4<5<\cdots.$$

由此可知:任何正整数都大于 0,任何负整数都小于 0.

对正整数来说:绝对值大的整数大于绝对值小的整数,即若 a,b 为正整数,当 $|a|>|b|$ 时,则 $a>b$.

对负整数来说:绝对值大的整数小于绝对值小的整数,即若 c,d 为负整数,当 $|c|>|d|$ 时,则 $c<d$.

例如:$|10|=10>|2|=2$,所以 $10>2$;$|-19|=19>|-3|=3$,所以 $-19<-3$.又如 $1>0,-1<0$.

思考题　　(1) 指出整数 $7,-5,21,-20,0$ 在数轴上的对应点.

(2) 指出下列各对数:112 与 -12,-31 与 $2,97$ 与 $93,0$ 与 $7,-5$ 与 0 的大小关系,且用不等号">"或"<"表示.

(3) 用符号">"表示下列数之间关系:$70,-65,19,9,-1,2,-3,3,90,0$.

(4) 用正负数表示某物位置:某物在东向 25 m 处,记为(　　　);某物在西向 11 m 处,记为(　　　);某物在南向 7 m 处,记为(　　　);某物在北向 5 m 处,记为(　　　).

1.2.3　整数运算

整数的运算与正整数运算是不同的,它不仅有正整数与正整数间的运算,还有负整数与负整数间的运算、正整数与负整数间的运算以及 0 与整数间的运算,所以下面我们分别进行介绍.

1. 数的符号规则

在讨论相反数时,正数前的"+"号我们省略了,即 $+a$ 记为 a.而"−"号不能省去,$-a$ 表示 a 的负数.负数的相反数是正数,即 $-(-a)=a$.正数的相反数是负数,即 $-(+a)=-a$.由此可得符号规则:

$$-(-a)=+(+a)=a, \quad -(+a)=+(-a)=-a. \tag{1}$$

符号规则意即"同号为正,异号为负"或"减负为正,减正为负".

由式(1)可推出:若 a,b 为整数,则

$$a-b=a+(-b), \quad a+b=a-(-b). \tag{2}$$

两个整数间的减法运算可化为加法运算. 反过来, 两个数间的加法运算, 可化为减法运算. 所以, 我们称式(2)为加减转化规则.

例如 $3-5=3+(-5)$, 即求 3 与 5 的差就是求 3 与 -5 的和; $7+3=7-(-3)$, 即求 7 与 3 的和就是求 7 与 -3 的差. 这样, 关于整数加、减运算问题, 只需讨论整数和加法运算就行了.

2. 加法运算、算律及应用

整数加法运算既包含正整数加法运算, 也包含减法运算等. 如 $5+3, 3-5, -3+(-4), -7-5, -4-(-2)$ 等, 根据符号规则, 有

$$3-5=3+(-5), \quad -7-5=-7+(-5), \quad -4-(-2)=-4+2,$$

所以上面的运算都是加法运算.

在整数加法运算中, 将 $a+b$ 和 $a-b$ 称为代数和.

例 1 用数轴表出下面算式:

(1) $3+5$;   (2) $-3+5$;   (3) $8+(-5)$;   (4) $-3+(-5)$.

解 (1) 作数轴, 如图 1-2 所示. 某同学从原点 0 出发, 向右边走到达点 3 处, 然后又从点 3 处出发, 继续向右边走到达点 8 处, 即该同学从原点出发, 向右边先走了 3 个(单位)距离, 再走了 5 个(单位)距离, 即表示走了 $3+5$ 个(单位)距离.

图 1-2

(2) 作数轴, 如图 1-3 所示. 某同学从原点 0 向左前行到点 -3 处, 然后又从点 -3 处向右走到点 2 处, 即该同学从原点 0 向左走了 3 个(单位)距离, 然后折回向右走了 5 个(单位)距离, 即表示走了 $-3+5$ 个(单位)距离.

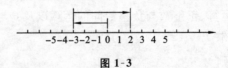

图 1-3

(3) 作数轴, 如图 1-4 所示. 某同学从原点 0 出发, 先向右边走 8 个(单位)距离到达点 8 处, 再折回向左边走 5 个(单位)距离, 到达点 3 处, 即该同学走了 $8+(-5)$ 个(单位)距离.

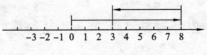

图 1-4

（4）作数轴，如图 1-5 所示．某同学从原点 0 出发，向左边前行了 3 个（单位）距离到达点 -3 处，再向左边继续前行 5 个（单位）距离到达点 -8 处，即该同学走了 $-3+(-5)$ 个（单位）距离．

图 1-5

例 2　用数轴计算：

（1）$-3+7$；　　（2）$-3-5$；　　（3）$-8+3$．

解　（1）作数轴，如图 1-6 所示．从原点 0 出发，左行 3 个（单位）距离，到达点 -3 处，再从点 -3 处折回向右行 7 个（单位）距离到达点 4 处，其结果是从原点 0 向右走了 4 个（单位）距离，即 $-3+7=4$ 个（单位）距离．

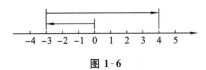

图 1-6

（2）作数轴，如图 1-7 所示．因为 $-3-5=-3+(-5)$，从原点 0 向左边行进到达点 -3 处，再从点 -3 处继续向左边行进到点 -8 处，即 $-3+(-5)=-8$，亦即 $-3-5=-8$．

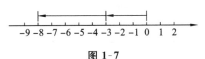

图 1-7

（3）作数轴，如图 1-8 所示．从原点 0 向左行进到点 -8 处，再从点 -8 处右向行进到点 -5 处，其结果为从原点 0 出发，左行到点 -5 处，即 $-8+3=-5$．

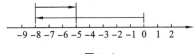

图 1-8

上例不难看出：整数的代数和仍为整数．

　利用数轴计算：

　　（1）$-3+8$；　　（2）$3+(-9)$；　　（3）$3-5$；　　（4）$-4-5$．

整数加法运算满足下列性质:

(a) 交换律.

例3 小王从 A 处出发,向东行了 5 km 后,又继续向东前行 8 km,小李从 A 处出发,向东前行 8 km 后,又继续向东前行 5 km,问他们各走了多远?相等吗?

解 显然,小王向东共行进了 $(5+8)$ km＝13 km,小李向东共行进了 $(8+5)$ km＝13 km.他们向东行走的路程相等,即都为 13 km.

例4 小王若从 A 地出发向西行走了 5 km 后,又继续前行 8 km;小李从 A 地出发向西行走了 8 km 后,又继续向前行 5 km.问他们各向西前行了多远?他们在何处,相等吗?

解 不难得知:小王向西先行 5 km,记为 -5 km,后又西行走 8 km,记为 -8 km,共向西行走了 13 km,记为 -13 km,即 $[(-5)+(-8)]$ km＝ -13 km.

同样,小李向西行 8 km,记为 -8 km,后又西行走 5 km,记为 -5 km,共向西行走了 13 km,记为 -13 km,即 $[(-8)+(-5)]$ km＝ -13 km.他们都在距 A 地向西 13 km 处,且行走路程相等.

例5 张明从 A 地出发向东行走了 5 km 后,然后反向向西行走了 8 km;李光从 A 地出发先向西行走了 8 km 后,再反向向东行走了 5 km.问他们各自离 A 地多远?相等吗?

解 依题意作出示意图,如图 1-9 所示.

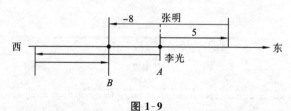

图 1-9

张明先向东行走了 5 km,然后反向向西行走了 8 km,则 $[5+(-8)]$ km＝ -3 km,即距 A 地西侧 3 km.

李光先向西行走了 8 km,然后向东行走了 5 km,则 $(-8+5)$ km＝ -3 km,也距 A 地西侧 3 km.所以他们距 A 地的距离相等.

从上面三例可设:任两个整数的和与交换加数位置无关.即若 a,b 为整数,则

$$a+b=b+a. \tag{3}$$

称式(3)为加法交换律.

(b) 结合律.

我们先看两个简单的例子.

例6 计算 $5+7+3$.

解　在计算多个数相加的过程中,如果无括号时,就从左到右逐次计算,如果有括号就先计算括号内的算式,先算小括号,再算中括号,最后算大括号.

因　　　　　　　　$(5+7)+3=12+3=15,$

　　　　　　　　　$5+(7+3)=5+10=15,$

所以　　　　　　　$(5+7)+3=5+(7+3).$

例 7　计算 $(-3)+5+(-12).$

解　因为　　　$[(-3)+5]+(-12)=2+(-12)=-10,$

　　　　　　　　　$(-3)+[5+(-12)]=(-3)+(-7)=-10,$

所以　　　　　　　$[(-3)+5]+(-12)=(-3)+[5+(-12)].$

从上两例可以看出:三个整数相加,先计算两个数的和,再与第三个数相加,其三个数的和不变.即若 a,b,c 为整数,则

$$(a+b)+c=a+(b+c). \tag{4}$$

称式(4)为加法结合律.

(c) 算式中添减括号法则.

例 8　计算 $13+5-7+6.$

解　因为　　　$13+5-7+6=18-7+6=11+6=17,$

　　　　　　　　　$13+(5-7+6)=13+(-2+6)=13+4=17,$

所以　　　　　　　$13+(5-7+6)=13+5-7+6.$

例 9　计算 $11-23+24-18.$

解　因为　　　$11-23+24-18=-12+24-18=12-18=-6,$

　　　　　　　　　$11-(23-24+18)=11-(-1+18)=11-17=-6,$

所以　　　　　　　$11-23+24-18=11-(23-24+18).$

从例 8、例 9 可以看出:如果在代数式中添加括号时,左括号前为"＋"号,括号内多项符号不变;左括号前为"－"号,括号内多项符号改变为相反符号(即"＋"号变为"－"号,"－"号则变为"＋"号).反过来,去括号也一样.即若 a、b、c、d 为正整数,则

$$\begin{cases} a+(b-c+d)=a+b-c+d, \\ a-(b-c+d)=a-b+c-d. \end{cases} \tag{5}$$

称式(5)为添减括号法则.

据添减括号法则可以将整数运算转化为正整数的加减运算,例如:

$$-5-5=-(5+5)=-10,$$

$$-7+4=-(7-4)=-3.$$

(d) 零在加法运算中的特性.

任何两个互为相反数的和为 0,0 与任何整数的和等于该整数.

例如：$-5+5=-(5-5)=0,0+7=7,0+(-9)=-9.$

（e）应用举例.

根据上面运算法则和规律改变运算次序,提高运算速度和准确性.

例 10　计算$(-23)+178+(-67)+(-28)+22+(-50).$

解　$(-23)+178+(-67)+(-28)+22+(-50)$

$=-23+178-67-28+22-50$

$=178+22-23-67-28-50$

$=(178+22)-(23+67+28+50)$

$=200-168$

$=32.$

例 11　计算$2+(-5)+4+(-7)+5+(-16)+7+16+(-6).$

解　$2+(-5)+4+(-7)+5+(-16)+7+16+(-6)$

$=(-5)+5+(-7)+7+2+4+(-6)+(-16)+16$　　　　　　　　（交换律）

$=(5-5)+(7-7)+(2+4-6)+(16-16)$　　　　　（符号法则、加括号）

$=0.$

例 12　计算$64+(-27)+81+36+(-173)+219+156+(-56).$

解　$64+(-27)+81+36+(-173)+219+156+(-56)$

$=(64+36)+(81+219)+[(-27)+(-173)]+(156-56)$

　　　　　　　　　　　　　　　　　　　　　　　　（交换律、结合律）

$=100+300+(-200)+100=300.$

注　为了提高算速,常考虑数间凑整、归类、凑倍等方法,为此要借用算律帮助.

例 13　计算$16+27+61+62+51+68+52+69+76+87.$

解　$16+27+61+62+51+68+52+69+76+87$

$=(16+87)+(27+76)+(51+52)+(61+69)+(62+68)$

$=103+103+103+130+130$

$=309+260$

$=569.$

例 14　计算$736-201+191+249-236-237.$

解　$736-201+191+249-236-237$

$=(736-236)+(249-237)-(201-191)$

$=500+12-10$

$=502.$

例 15　计算$95+(-97)+998+(-996).$

解　　$95+(-97)+998+(-996)$

$=(95+5)+(-97-3)+(998+2)+(-996-4)-5+3-2+4$

$=100+(-100)+1000-1000$

$=0.$

注　若加数接近整十、整百等,可补充一个较小的数可构成整十、整百等,使计算简化明了.

 　　(1) 计算 $1+3+5+7+9+11+13+15+17+19.$

　　(2) 计算 $32+(-18)+164+(-32)+(-164).$

　(3) 计算 $1+(-3)+5+(-7)+9+(-11)+13+(-15)+17+(-19)$ $+21+(-23).$

3. 乘法运算、算律及应用

整数乘法运算有五种情况:正整数乘正整数、正整数乘负整数、负整数乘正整数、负整数乘负整数和零乘整数.如 $3\times5,3\times(-5),(-3)\times5,(-3)\times(-5)$ 和 $0\times(-5).$

乘法运算法则为:同号相乘得正数,异号相乘得负数,积的绝对值等于两个乘数绝对值的积,0 乘整数等于 0.

例 16　　$3\times5=15,\quad(-3)\times(-5)=3\times5=15,$

$3\times(-5)=-(3\times5)=-15,\quad(-3)\times5=-(3\times5)=-15,$

$|(-3)\times5|=|-3|\times|5|=3\times5=15,\quad0\times(-5)=0.$

下面举一个实例来说明法则的合理性.

例 17　有一列火车以每小时 40 km 的速度从东向西行驶,中午零点到达车站 A,问火车中午零点前 3 h 在何处,距 A 站多远? 零点后 3 h 火车又在何处,离 A 站多远?

解　火车从东向西行驶的车速记为 -40 km/h,从西向东行驶的车速记为 40 km/h,中午零点前 3 h 记为 -3 h,下午零点后 3 h 记为 $+3$ h.

依题意,作示意图 1-10 如下:

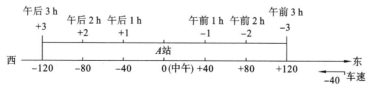

图 1-10

中午零点前 3 h,时间为 -3 h,车速为 -40 km/h,火车在东边 $+120$ km 处,得计算式

$$(-40)\times(-3)=+120.$$

这说明同号相乘为正数,积的绝对值等于各乘数绝对值的积.

中午零点后 3 h,时间为 $+3$ h,车速为 -40 km/h,火车在西边 -120 km 处,得计算式

$$(-40)\times 3=-120.$$

这说明异号相乘为负数,积的绝对值等于各乘数绝对值的积.

任何两个整数的积仍为整数.乘法运算满足下列性质.

(a) 交换律.

例 18 计算 5×8 与 8×5,$(-5)\times 8$ 与 $8\times(-5)$,$(-5)\times(-8)$ 与 $(-8)\times(-5)$,$0\times(-8)$ 与 $(-8)\times 0$,并判断它们是否分别相等.

解 因为 $5\times 8=40,8\times 5=40$,所以 $5\times 8=8\times 5$.

因为 $(-5)\times 8=-40,8\times(-5)=-40$,所以 $(-5)\times 8=8\times(-5)$.

因为 $(-5)\times(-8)=40,(-8)\times(-5)=40$,所以 $(-5)\times(-8)=(-8)\times(-5)$.

因为 $0\times(-8)=0,(-8)\times 0=0$,所以 $0\times(-8)=(-8)\times 0$.

从例 18 可得以下结论:

若 a,b 为整数,则

$$a\times b=b\times a. \tag{6}$$

即两整数相乘,交换乘数位置其积不变,称式(6)为乘法交换律.

(b) 乘法结合律.

例 19 计算下列各题中的两组算式,并判断它们的结果是否相等.

(1) $5\times(3\times 2)$ 与 $(5\times 3)\times 2$;

(2) $[5\times(-3)]\times(-2)$ 与 $5\times[(-3)\times(-2)]$;

(3) $[(-5)\times(-3)]\times(-2)$ 与 $(-5)\times[(-3)\times(-2)]$.

解 (1) 因为 $\qquad 5\times(3\times 2)=5\times 6=30,$

$$(5\times 3)\times 2=15\times 2=30,$$

所以 $\qquad 5\times(3\times 2)=(5\times 3)\times 2.$

(2) 因为 $\qquad [5\times(-3)]\times(-2)=(-15)\times(-2)=30,$

$$5\times[(-3)\times(-2)]=5\times 6=30,$$

所以 $\qquad [5\times(-3)]\times(-2)=5\times[(-3)\times(-2)].$

(3) 因为 $\qquad [(-5)\times(-3)]\times(-2)=15\times(-2)=-30,$

$$(-5)\times[(-3)\times(-2)]=-5\times 6=-30,$$

所以 $\qquad [(-5)\times(-3)]\times(-2)=(-5)\times[(-3)\times(-2)].$

由例 19 可以得出如下结论：

若 a,b,c 为整数，则

$$(a \times b) \times c = a \times (b \times c). \tag{7}$$

称式(7)为乘法结合律，即三数相乘，先将两数相乘，再与第三数相乘，其乘积相等.

 若 a,b,c,d 为整数，则 $[(a \times b) \times c] \times d = (a \times b) \times (c \times d)$ 成立吗？为什么？

(c) 乘法对于加法的分配律.

例 20　计算下列各题中的两组算式，并判断它们的结果是否相等.

(1) $5 \times (4+8)$ 与 $5 \times 4 + 5 \times 8$；

(2) $5 \times [(-4)+8]$ 与 $5 \times (-4) + 5 \times 8$；

(3) $5 \times [(-4)+(-8)]$ 与 $5 \times (-4) + 5 \times (-8)$；

(4) $(-5) \times [(-4)+(-8)]$ 与 $(-5) \times (-4) + (-5) \times (-8)$.

解　(1) 因为

$$5 \times (4+8) = 5 \times 12 = 60,$$
$$5 \times 4 + 5 \times 8 = 20 + 40 = 60,$$

所以

$$5 \times (4+8) = 5 \times 4 + 5 \times 8.$$

(2) 因为

$$5 \times [(-4)+8] = 5 \times 4 = 20,$$
$$5 \times (-4) + 5 \times 8 = -20 + 40 = 20,$$

所以

$$5 \times [(-4)+8] = 5 \times (-4) + 5 \times 8.$$

(3) 因为

$$5 \times [(-4)+(-8)] = 5 \times (-12) = -60,$$
$$5 \times (-4) + 5 \times (-8) = -20 + (-40) = -60,$$

所以

$$5 \times [(-4)+(-8)] = 5 \times (-4) + 5 \times (-8).$$

(4) 因为

$$(-5) \times [(-4)+(-8)] = (-5) \times (-12) = 60,$$
$$(-5) \times (-4) + (-5) \times (-8) = 5 \times 4 + 5 \times 8 = 20 + 40 = 60,$$

所以

$$(-5) \times [(-4)+(-8)] = (-5) \times (-4) + (-5) \times (-8).$$

由上例可以得出如下结论：

若 a、b、c 为整数，则

$$a \times (b+c) = a \times b + a \times c. \tag{8}$$

称式(8)为乘法对于加法的分配律，即一个整数与两个整数和的积，等于这个整数与各个加数相乘的积的和.

(d) 应用举例.

根据乘法运算的法则与定律可改变运算次序，提高运算速度和准确性.

例 21　$125 \times (-2) \times 131 \times (-8) \times (-15)$.

解　$125 \times (-2) \times 131 \times (-8) \times (-15)$

$= [125 \times (-8)] \times [(-2) \times (-15)] \times 131$　　　　　　（交换律、结合律）

$= -(125 \times 8) \times 30 \times 131$

$= -1000 \times 30 \times 131$

$= -30000 \times 131$

$= -3930000$.

例 22　计算 $4 \times 4 \times 4 \times 4 \times 5 \times 5 \times 5 \times 5 \times 5 \times 5 \times 5 \times 5$.

解　$4 \times 4 \times 4 \times 4 \times 5 \times 5 \times 5 \times 5 \times 5 \times 5 \times 5 \times 5$

$= (4 \times 5 \times 5) \times (4 \times 5 \times 5) \times (4 \times 5 \times 5) \times (4 \times 5 \times 5)$　　（交换律、结合律）

$= 100 \times 100 \times 100 \times 100$

$= 100000000$.

例 23　计算 $59 \times (-13) + 13 \times 41 + 35 \times 100 + 35 \times (-98)$.

解　$59 \times (-13) + 13 \times 41 + 35 \times 100 + 35 \times (-98)$

$= [(-59) \times 13 + 41 \times 13] + (35 \times 100 - 35 \times 98)$　　　　（结合律）

$= (-59 + 41) \times 13 + 35 \times (100 - 98)$　　　　　　　　　（分配律）

$= -18 \times 13 + 35 \times 2$

$= -234 + 70$

$= -164$.

例 24　计算 $1 + (-3) + 5 + (-7) + 9 + (-11) + 13 + (-15) + 17 + (-19) +$ $21 + (-23) + 25 + (-27) + 29 + (-31) + 33 + (-35) + 37 + (-39)$.

解　$1 + (-3) + 5 + (-7) + 9 + (-11) + 13 + (-15) + 17 + (-19) + 21$

$\quad + (-23) + 25 + (-27) + 29 + (-31) + 33 + (-35) + 37 + (-39)$

$= (1 + 5 + 9 + 13 + 17 + 21 + 25 + 29 + 33 + 37) - (3 + 7 + 11 + 15 + 19 + 23$

$\quad + 27 + 31 + 35 + 39)$　　　　　　　　　　　　　（交换律、结合律）

$= 38 \times 5 - 42 \times 5$

$= -(42 - 38) \times 5$　　　　　　　　　　　　　　　　　　（分配律）

$= -4 \times 5$

$= -20$.

例 25　计算 $50 + 56 + 55 + 47 + 48 + 49 + 47 + (-52) + (-45)$.

解　$50 + 56 + 55 + 47 + 48 + 49 + 47 + (-52) + (-45)$

$= 50 \times 7 + (-50 \times 2) + 6 + 5 - 3 - 2 - 1 - 3 - 2 + 5$　　　（结合律）

$= 50 \times (7 - 2) + (16 - 11)$

$= 250 + 5$

$= 255$.

> **思考题**
>   (1) 计算 $125 \times 2 \times (-131) \times (-8)$.
>   (2) 计算 $37 \times (-125) \times (-4) \times (-2) \times (-25) \times 4$.
>   (3) 计算 $2 + (-4) + 6 + (-8) + 10 + (-12) + 14 + (-16) + 18 + (-20) + 22 + (-24) + 26 + (-28)$.

4. 除数的运算、算律及应用

正整数除数运算是乘法运算的逆运算. 例如,由 $7 \times 3 = 21$ 得 $21 \div 7 = 3$ 或 $21 \div 3 = 7$.

整数的除法运算的意义也可以依照逆运算给出.

例如:由 $(-7) \times (-3) = 21$ 得 $21 \div (-7) = -3$ 或 $21 \div (-3) = -7$;

由 $(-7) \times 3 = -21$ 得 $(-21) \div (-7) = 3$ 或 $(-21) \div 3 = -7$;

由 $7 \times (-3) = -21$ 得 $(-21) \div (-3) = 7$ 或 $(-21) \div 7 = -3$;

由 $0 \times (-3) = 0$ 得 $0 \div (-3) = 0$.

由此可以得出如下结论:

如果 a, b 为整数,$b \neq 0$,且 $a \times b = c$,那么
$$c \div b = a,$$
式中,c 为被除数,b 为除数,a 为商. 即 c 除以 b 等于 a. 当被除数 c 与除数 b 的符号相同时,则商为正数;当 c 与 b 的符号相异时,则商为负数.

特别地,0 除以非 0 整数时,则商为 0.

因此,整数除法运算总可以借助于正整数除法来进行.

例 26 计算 $(-48) \div (-6)$,$(-48) \div 6$,$48 \div (-6)$.

解
$$(-48) \div (-6) = 48 \div 6 = 8,$$
$$(-48) \div 6 = -(48 \div 6) = -8,$$
$$48 \div (-6) = -(48 \div 6) = -8.$$

例 27 计算 $(-105) \div (-8)$,$(-105) \div 8$,$105 \div (-8)$.

解 $(-105) \div (-8) = 105 \div 8 = 13 \cdots\cdots$ 余数为 1.

$(-105) \div 8 = -(105 \div 8)$

     $= -13 \cdots\cdots$ 余数为 -1.   (余数符号与被除数符号相同)

$105 \div (-8) = -(105 \div 8)$

     $= -13 \cdots\cdots$ 余数为 -1.   (余数为负数,为什么?)

除法性质有如下两条:

性质 1 一个数除以两个非零数的积等于这个数连续除以各个乘数.

若数 $a,b,c,b\neq 0$，则

$$a\div (b\times c)=a\div b\div c. \tag{9}$$

例28　计算 $(-32000)\div (-16)\div (-20),(-32000)\div [(-16)\times (-20)].$

解　$(-32000)\div (-16)\div (-20)=2000\div (-20)$
$$=-(2000\div 20)$$
$$=-100,$$
$$(-32000)\div [(-16)\times (-20)]=(-32000)\div 320$$
$$=-(32000\div 320)$$
$$=-100.$$

注　在除法运算中，算式连除式也是从左边到右边逐一计算，除法运算不满足结合律，只满足性质1，即 $a\div b\div c\neq a\div (b\div c)$，而 $a\div b\div c=a\div (b\times c)$.

性质2　两个数的代数和除以一个非零数，其值等于各个加数除以该数的代数和.

若数 $a,b,c,a\neq 0$，则

$$(b+c)\div a=(b\div a)+(c\div a). \tag{10}$$

例29　计算 $[(-320)+160]\div (-8),[(-320)\div (-8)]+[160\div (-8)].$

解　$[(-320)+160]\div (-8)=(-160)\div (-8)=160\div 8=20,$
$$[(-320)\div (-8)]+[160\div (-8)]=(320\div 8)+[-(160\div 8)]$$
$$=40-20=20.$$

例28、例29分别说明性质1、性质2的正确性．这两个性质从有理数角度来看，它们的正确性是十分明显的.

例30　计算 $(-23331)\div (-11)\div 3\div (-7).$

解　$(-23331)\div (-11)\div 3\div (-7)$
$$=(-23331)\div [(-11)\times 3\times -(7)]$$
$$=(-23331)\div (11\times 3\times 7)$$
$$=-(23331\div 231)$$
$$=-101.$$

思考题　（1）计算 $56\div (-4),(-56)\div 4,(-56)\div (-4),56\div 4.$

（2）计算 $170000\div (-16)\div (-25)\div 5.$

（3）计算 $(-125)\div 13+333\div 13.$

5. 乘方运算、算律及应用

在生活和生产实践中,常遇到相同数连乘的情况,如边长为 2 的正方形的面积等于 2×2,边长为 3 的立方体的体积等于 $3 \times 3 \times 3$,等等. 我们称这种运算为乘方运算.

在乘方运算中,我们把 2×2 记作 2^2,$2 \times 2 \times 2$ 记作 2^3,$2 \times 2 \times 2 \times 2$ 记作 2^4,等等.

又如,在乘方运算中,我们把 10×10 记作 10^2,$10 \times 10 \times 10$ 记作 10^3,$10 \times 10 \times 10 \times 10$ 记作 10^4,等等.

一般地,设 a 为有理数,则把 $a \times a$ 记作 a^2,$a \times a \times a$ 记作 a^3,$a \times a \times a \times a$ 记作 a^4. 对任何非负数 n,有 n 个 a 连乘,记作 a^n,即

$$a^n = \underbrace{a \times a \times \cdots \times a}_{n \text{个} a},$$

称它为 a 的 n 次乘方,或 a 的 n 次幂. a 称为幂的底,n 称为幂的指数.

特别地,当 $n = 1$ 时,$a^1 = a$. 当 $n = 0$ 时,规定 $a^0 = 1$.

例 31　计算 $2^0, 2^1, 2^2, 2^3, 2^4, 2^5, 10^0, 10^1, 10^2, 10^3, 10^4, 10^5$.

解　　　$2^0 = 1,\quad 2^1 = 2,\quad 2^2 = 2 \times 2 = 4,\quad 2^3 = 2 \times 2 \times 2 = 8,$

$2^4 = 2 \times 2 \times 2 \times 2 = 16,\quad 2^5 = 2 \times 2 \times 2 \times 2 \times 2 = 32,$

$10^0 = 1,\quad 10^1 = 10,\quad 10^2 = 10 \times 10 = 100,$

$10^3 = (10 \times 10) \times 10 = 100 \times 10 = 1000,$

$10^4 = (10 \times 10 \times 10) \times 10 = 1000 \times 10 = 10000,$

$10^5 = 10 \times 10 \times 10 \times 10 \times 10 = (10 \times 10 \times 10 \times 10) \times 10$

$= 10000 \times 10 = 100000.$

由此例可以看出:$a^n = a^{n-1} \times a$.

例 32　计算 $10^3 \times 10^5$ 与 10^8,$2^5 \times 2^4$ 与 2^9,并分别判断它们是否相等.

解　因为　　　　　$10^3 \times 10^5 = 1000 \times 100000 = 100000000,$

$10^8 = 10 \times 10 \times 10 \times 10 \times 10 \times 10 \times 10 \times 10 = 100000000,$

所以　　　　　　　　　$10^3 \times 10^5 = 10^{3+5} = 10^8.$

因为　　　　　　　　　$2^5 \times 2^4 = 32 \times 16 = 512,$

$2^9 = (2 \times 2 \times 2 \times 2 \times 2 \times 2 \times 2 \times 2) \times 2 = 256 \times 2 = 512,$

所以　　　　　　　　　$2^5 \times 2^4 = 2^{5+4} = 2^9.$

一般地,若数 a, m, n 为正整数,则

$$a^m \times a^n = a^{m+n},$$

亦即同底的幂相乘的积等于底不变的指数相加的幂.

例 33　计算 $3^2 \times 3^2 \times 3^2$ 与 3^6,$2^3 \times 2^3 \times 2^3 \times 2^3$ 与 2^{12},并分别判断它们是否

相等.

解 因为

$$3^2 \times 3^2 \times 3^2 = (3^2)^3 = 9 \times 9 \times 9 = 81 \times 9 = 729,$$
$$3^6 = 3^5 \times 3 = (3 \times 3 \times 3 \times 3 \times 3) \times 3 = 243 \times 3 = 729,$$

所以　　　　　　　　　　$3^2 \times 3^2 \times 3^2 = 3^6.$

因为　　　　$2^3 \times 2^3 \times 2^3 \times 2^3 = (2^3)^4 = 8^4 = 8 \times 8 \times 8 \times 8 = 512 \times 8 = 4096,$

$$2^{12} = 2^6 \times 2^6 = 64 \times 64 = 4096,$$

所以　　　　　　　　$2^3 \times 2^3 \times 2^3 \times 2^3 = (2^3)^4 = 2^{12}.$

由此例可看出:若有数 a,且 m、n 为正整数,则

$$(a^m)^n = a^{mn},$$

亦即幂的乘方等于指数相乘的幂.

　　例 34　计算 $(2 \times 3)^4$ 与 $2^4 \times 3^4$,$(4 \times 5)^3$ 与 $4^3 \times 5^3$,并分别判断它们是否相等.

　　解　因为　　　　　　　$2^4 \times 3^4 = 16 \times 81 = 1296,$

$$(2 \times 3)^4 = 6^4 = 6 \times 6 \times 6 \times 6 = 1296,$$

所以　　　　　　　　　　$(2 \times 3)^4 = 2^4 \times 3^4.$

因为　　　　$(4 \times 5)^3 = 20^3 = 8000,$　　$4^3 \times 5^3 = 64 \times 125 = 8000,$

所以　　　　　　　　　　$(4 \times 5)^3 = 4^3 \times 5^3.$

　　一般地,若 a,b 为数,m 为正整数,则

$$(a \times b)^m = a^m \times b^m, \tag{11}$$

亦即积的幂等于幂的积.

　　6. 开方运算、算律及应用

　　在实践中,我们不仅遇到乘方运算,还常遇到与它相反的运算,若要作一个面积等于 16 cm² 的正方形,问边长是多少? 若要作体积等于 125 cm³ 的立方体,其长、宽、高等于多少呢? 即求数 a 使 $a^2 = 16$,求数 b 使 $b^3 = 125$. 我们把这种运算称为开方运算.

　　一般地说,如果有一个数 x 的平方等于 a,即 $x^2 = a$,那么 x 称为 a 的平方根或 a 的二次方根,记为 $\sqrt[2]{a}$,简记为 $\sqrt{a}$,a 为被开方数,2 为根指数,符号"$\sqrt{}$"为根号.

　　例 35　因为 $4^2 = 16$,$(-4)^2 = 16$,所以 4 和 -4 为 16 的平方根,记为 $\sqrt{16}$,即 $\sqrt{16} = \pm 4$. 由于正方边的边长为正数,所以正方形的边长为 4.

　　因为 $5^2 = 25$,$(-5)^2 = 25$,所以 5 和 -5 为 25 的平方根,记为 $\sqrt{25}$,即 $\sqrt{25} = \pm 5$.

　　如果有一个数的三次方等于 a,我们称它为 a 的三次方根或立方根,记为 $\sqrt[3]{a}$,a 为被开方数,3 为根指数,符号"$\sqrt{}$"为根号.

例 36　因为 $5^3=125$，所以 5 为 125 的三次方根或立方根，记为 $\sqrt[3]{125}$.

因为 $(-5)^3=-125$，所以 -5 为 -125 的三次方根或立方根，记为 $\sqrt[3]{-125}$.

如果有一个数的 4 次方等于 a，我们称它为 a 的 <u>4 次方根</u>，记为 $\sqrt[4]{a}$，a 为被开方数，4 为根指数，符号"$\sqrt{}$"为根号.

例 37　因为 $2^4=16$，$(-2)^4=16$，所以 2 和 -2 为 16 的 4 次方根，记为 $\sqrt[4]{16}$，且 $\sqrt[4]{16}=\pm2$.

因为 $3^4=81$，$(-3)^4=81$，所以 3 和 -3 为 81 的 4 次方根，记为 $\sqrt[4]{81}$，且 $\sqrt[4]{81}=\pm3$.

一般地，如果有一个数的 n 次方等于 a，我们称它为 a 的 <u>n 次方根</u>，记为 $\sqrt[n]{a}$，a 为被开方数，n 为根指数，符号"$\sqrt{}$"为根号.

<u>显然</u>，0 的 n 次方根为 0，1 的 n 次方根为 1.

从上例可知，若 n 为偶数，则 $a(a>0)$ 的 n 次方根有两个，一个为正，另一个为负. 正的 n 次方根常称它为 <u>n 次算术根</u>. 正常只求此根. 若 n 为奇数，则 a 的 n 次方根只有一个，a 为正，其方根为正（亦称算术根），a 为负，其方根为负.

例 38　计算 $\sqrt{64}$，$\sqrt[3]{64}$，$\sqrt[6]{64}$，$\sqrt[3]{-64}$，并指出它们的算术根.

解　因为 $8^2=64$，$(-8)^2=64$，所以 $\sqrt{64}=\pm8$，故 8 为 64 的二次算术根.

因为 $4^3=64$，所以 $\sqrt[3]{64}=4$，故 4 为 64 的三次算术根.

因为 $2^6=64$，$(-2)^6=64$，所以 $\sqrt[6]{64}=\pm2$，故 2 为 64 的 6 次算术方根.

因为 $(-4)^3=-64$，所以 $\sqrt[3]{-64}=-4$，故 -4 为 -64 的三次方根.

思考题

（1）计算 $\sqrt{25}$，$\sqrt{121}$，$\sqrt[3]{-125}$，$\sqrt[4]{625}$，$\sqrt{256}$，$\sqrt{100}$，$\sqrt[3]{1000}$，$\sqrt[4]{10000}$.

（2）计算 $\sqrt[3]{64}\times\sqrt[3]{1000}$ 与 $\sqrt[3]{1000}$ 与 $\sqrt[3]{64000}$，$\sqrt[4]{16}\times\sqrt[4]{81}$ 与 $\sqrt{1296}$，并分别判断它们是否相等，从中看出了什么规律吗？请用式子表示.

（3）对任意一个数，如何求它的方根呢？（供讨论）

例 39　计算 $\sqrt[3]{8}\times\sqrt[3]{27}$ 和 $\sqrt[3]{8\times27}$，并判断它们是否相等.

解　因为 $\sqrt[3]{8}=2$，$\sqrt[3]{27}=3$，所以

$$\sqrt[3]{8}\times\sqrt[3]{27}=6.$$

而 $\sqrt[3]{8\times27}=\sqrt[3]{216}=6$，因此

$$\sqrt[3]{8}\times\sqrt[3]{27}=\sqrt[3]{8\times27}.$$

由此可以得出结论：

若数 $a \geqslant 0, b \geqslant 0, n$ 为正整数,则

$$\sqrt[n]{a} \times \sqrt[n]{b} = \sqrt[n]{a \times b}, \qquad (12)$$

即同次方根的积等于被开方数积的同次方根.

例 40　计算 $\sqrt[6]{1000000}$ 和 $\sqrt[3]{\sqrt{1000000}}$ 或 $\sqrt{\sqrt[3]{1000000}}$,并判断它们是否相等.

解　$\sqrt[6]{1000000} = 10, \ \sqrt[3]{\sqrt{1000000}} = \sqrt[3]{1000} = 10, \ \sqrt{\sqrt[3]{1000000}} = \sqrt{100} = 10,$

所以

$$\sqrt[6]{1000000} = \sqrt[3]{\sqrt{1000000}} = \sqrt{\sqrt[3]{1000000}}.$$

例 41　计算 $\sqrt{\sqrt{625}}$ 和 $\sqrt[4]{625}$,并判断它们是否相等.

解　因为

$$\sqrt{\sqrt{625}} = \sqrt{25} = 5, \quad \sqrt[4]{625} = \sqrt[4]{5^4} = 5,$$

所以

$$\sqrt{\sqrt{625}} = \sqrt[4]{625}.$$

一般地,若数 $a \geqslant 0, m, n$ 为正整数,则

$$\sqrt[m]{\sqrt[n]{a}} = \sqrt[mn]{a}, \qquad (13)$$

即某正数 a 的 m 次方根的 n 次方根,等于正数 a 的 $m \times n$ 次方根. 因此可推出

$$\sqrt[mp]{a^p} = \sqrt[m]{a}, \quad p \neq 0,$$

即被开方数的指数和根指数中的公因数可约去.

例 42　计算 $\sqrt{12} \times \sqrt{3}$.

解　根据同次方根的积算律,可得

$$\sqrt{12} \times \sqrt{3} = \sqrt{12 \times 3} = \sqrt{36} = 6.$$

例 43　化简根式 $\sqrt{\sqrt[3]{10^8}}$.

解　根据根式算律得

$$\sqrt{\sqrt[3]{10^8}} = \sqrt[2 \times 3]{10^8} = \sqrt[6]{10^8}$$
$$= \sqrt[3]{10^4} = \sqrt[3]{10^3} \times \sqrt[3]{10}$$
$$= 10 \sqrt[3]{10}.$$

 思考题

(1) 请用式(13)验证 $\sqrt[mp]{a^p} = \sqrt[m]{a}$.

(2) 计算 $\sqrt[3]{6} \times \sqrt[3]{9} \times \sqrt[3]{4}$.

(3) 化简根式:$\sqrt{\sqrt[3]{4^8}}, \ \sqrt{\sqrt{\sqrt[3]{10^9}}}$.

1.3　有理数

1.3.1　分数

1. 什么样的数叫做分数

人类在生活、生产实践中,由于食物分配、度量长度、丈量土地等需要,只用整数是不够用的,因而产生了分数.

例1　若两个人要分 7 个苹果,每人可得 3 个苹果加上一个苹果的一半,记为 "$3\frac{1}{2}$"或"$\frac{7}{2}$"个;如果三个人来分这 7 个苹果呢? 固然每人只能分得 2 个加上一个苹果的"三分之一"了,记为"$2\frac{1}{3}$"或"$\frac{7}{3}$"个;等等.

例2　今知一根钢条的长度不足一米,如果将一米尺分为三等份时,发现钢条的长度恰好等于一米长的三分之二,即"三分之二米"(见图 1-11),记"$\frac{2}{3}$ m".

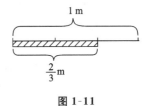

图 1-11

例3　若有 m 个饼干分给 $n(n\neq0)$ 个小朋友,每个小朋友可得到多少个呢? 若将 m 个饼干分成 n 等份,每一等份为 $\frac{m}{n}$ 个,每个小朋友可得到 $\frac{m}{n}$ 个.

我们把实践中产生的如 $3\frac{1}{2},\frac{7}{2},2\frac{1}{3},\frac{7}{3},\frac{2}{3},\frac{m}{n}$ 等这类数叫做**分数**. 而分数中的"—"符号称为**分数线**,线上的数为**分子**,线下的数为**分母**. 如分数 $\frac{7}{3}$ 中,7 为分子,3 为分母. 在分数 $\frac{m}{n}$ 中,m 为分子,n 为分母,m 与 n 中间的横线"—"为分数线.

从上例中,我们看到:分数是在分配物体过程中,不能分得整数个物体时产生的一种新数.

一般地,设 m,n 为整数,$n\neq0$,如果 $m\div n$ 的商不为整数,记为 $\frac{m}{n}$,则我们称 $\frac{m}{n}$ 为分数,即 $m\div n=\frac{m}{n},n\neq0$,符号"—"称为分数线,$m$ 称为分子,n 称为分母.

显然可知,分数线记号"—"与除法记号"÷"是同一个意义.

例4　$\frac{1}{4},\frac{17}{5},\frac{-19}{8},\frac{13}{100},\frac{35}{14},\frac{1}{-3},\frac{9}{-6},\frac{4}{8}$ 等都是分数.

如果分数的分子与分母不含 1 以外的公因数,则称该分数为<u>最简分数</u>.如例 4 中,$\frac{1}{4}$,$\frac{17}{5}$,$\frac{-19}{8}$,$\frac{13}{100}$,$\frac{1}{-3}$ 是最简分数,而其余分数不是最简分数.

如果分数的分母为 100,则通常称该分数为<u>百分数</u>.如 $\frac{13}{100}$ 称为百分数,习惯上把 $\frac{13}{100}$ 记为 13%.又如 $\frac{30}{100}$ 记为 30%,其中"%"是百分数的记号.

如果分数的分子大于分母,则称该分数为<u>假分数</u>.如果分子小于分母,则称该分数为<u>真分数</u>.如例 4 中,$\frac{17}{5}$,$\frac{-19}{8}$,$\frac{9}{-6}$ 是假分数,其余分数为真分数.

注　在特定情况下,我们把整数也看成分数,其分母为 1.

　请再举一些分配结果不是整数且能用分数表示出来的一些例子.

2. 约分与通分

例 5　有一个饼子,四个小朋友来分,有两种分法:一是把饼子平分成 8 块,如图 1-12 所示,每人分得两块,即 $\frac{2}{8}$;二是把饼子分成 4 块为图 1-12 所示,每人分得一块,即 $\frac{1}{4}$.这两种方法分得的结果相同.显然,

$$\frac{2}{8} = \frac{1}{4}.$$

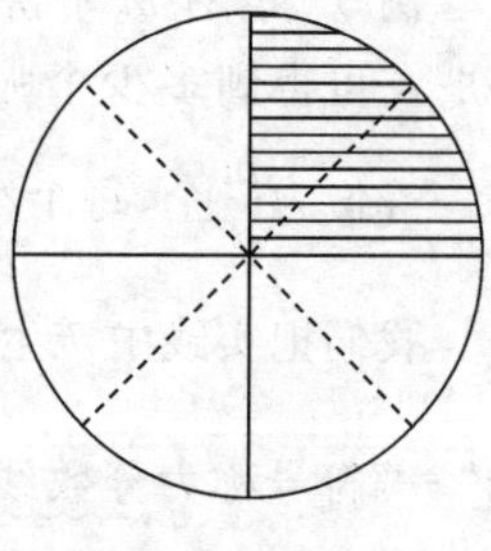

图 1-12

由此可看出:

将一个分数的分子、分母同乘或同除以一个非 0 的数,则分数值不变.

此性质为分数的基本性质.

例 6　化简下列分数:$\frac{35}{14}$,$\frac{9}{-6}$,$\frac{4}{8}$,$-\frac{20}{35}$.

解
$$\frac{35}{14} = \frac{35 \div 7}{14 \div 7} = \frac{5}{2} = 2\frac{1}{2};$$

$$\frac{9}{-6} = \frac{9 \div (-3)}{(-6) \div (-3)} = -\frac{3}{2} = -1\frac{1}{2};$$

$$\frac{4}{8} = \frac{4 \div 4}{8 \div 4} = \frac{1}{2};$$

$$-\frac{20}{35}=-\frac{20\div 5}{35\div 5}=-\frac{4}{7}.$$

例 7　(1) 将分数 $\frac{4}{7}$ 和 $\frac{3}{5}$ 化成两个分母相同的两个分数.

(2) 将分数 $\frac{5}{6}$ 和 $\frac{3}{4}$ 化成两个分母相同的两个分数.

解　(1) 因为 5 与 7 的最小公倍数为 35,所以

$$\frac{4}{7}=\frac{4\times 5}{7\times 5}=\frac{20}{35},\quad \frac{3}{5}=\frac{3\times 7}{5\times 7}=\frac{21}{35}.$$

$\frac{4}{7}$ 和 $\frac{3}{5}$ 的分母相同的分数分别为 $\frac{20}{35}$ 和 $\frac{21}{35}$.

(2) 因为 6 与 4 的最小公倍数为 12,所以

$$\frac{5}{6}=\frac{5\times 2}{6\times 2}=\frac{10}{12},\quad \frac{3}{4}=\frac{3\times 3}{4\times 3}=\frac{9}{12}.$$

$\frac{5}{6}$ 和 $\frac{3}{4}$ 的分母相同的分数分别为 $\frac{10}{12}$ 和 $\frac{9}{12}$.

例 6 是根据分数基本性质化分数为最简分数,称该化简方法为约分.

例 7 是根据分数基本性质,把分数化成分母相同的分数,称为通分.

3. 分数运算

分数运算中的符号法则,与整数运算中的符号法则相同,如异号相乘为负等.分数加法和乘法满足交换律、结合律及分配律等.这里不重复介绍了,仅介绍一下分数加、减、乘、除法则(而乘方与开方运算留给读者思考).

当两个分数的分母相同时,可进行加(减)运算,其和(差)仍为分数,它的分母为原分母,分子为原分子的和(差).即若分数 $\frac{b}{a},\frac{c}{a},a\neq 0$,则

$$\frac{b}{a}+\frac{c}{a}=\frac{b+c}{a}.$$

例 8　计算 $\frac{2}{13}+\frac{7}{13},\frac{2}{13}-\frac{7}{13},\frac{3}{5}+\frac{4}{7},\frac{3}{5}-\frac{5}{7}.$

解
$$\frac{2}{13}+\frac{7}{13}=\frac{2+7}{13}=\frac{9}{13},$$

$$\frac{2}{13}-\frac{7}{13}=\frac{2-7}{13}=-\frac{5}{13},$$

$$\frac{3}{5}+\frac{4}{7}=\frac{21}{35}+\frac{20}{35}=\frac{41}{35},$$

$$\frac{3}{5}-\frac{5}{7}=\frac{21}{35}-\frac{25}{35}=\frac{21-25}{35}=-\frac{4}{35}.$$

如果两个分数相乘,其积为分数,分母为两分母的积,分子为两分子的积,即若分数 $\dfrac{b}{a}$, $\dfrac{d}{c}$, $a \neq 0$, $c \neq 0$, 则 $\dfrac{b}{a} \times \dfrac{d}{c} = \dfrac{bd}{ac}$.

例 9 计算 $\dfrac{2}{7} \times \dfrac{3}{4}$, $\dfrac{5}{12} \times \dfrac{6}{7}$.

解
$$\dfrac{2}{7} \times \dfrac{3}{4} = \dfrac{2 \times 3}{7 \times 4} = \dfrac{6}{28} = \dfrac{3}{14},$$

$$\dfrac{5}{12} \times \dfrac{6}{7} = \dfrac{5 \times 6}{12 \times 7} = \dfrac{5 \times 1}{2 \times 7} = \dfrac{5}{14}.$$

如果两分数相除,其商为分数,则它等于被除数乘以除数的倒数. 即若分数 $\dfrac{b}{a}$, $\dfrac{d}{c}$, $a \neq 0$, $c \neq 0$, $d \neq 0$, 则 $\dfrac{b}{a} \div \dfrac{d}{c} = \dfrac{b}{a} \times \dfrac{c}{d} = \dfrac{bc}{ad}$.

例 10 计算 (1) $\dfrac{2}{7} \div \dfrac{3}{5}$; (2) $\dfrac{15}{16} \div \left(-\dfrac{5}{8}\right)$; (3) $\dfrac{2}{17} \div 10$.

解 (1) $\dfrac{2}{7} \div \dfrac{3}{5} = \dfrac{2}{7} \times \dfrac{5}{3} = \dfrac{2 \times 5}{7 \times 3} = \dfrac{10}{21}$.

(2) $\dfrac{15}{16} \div \left(-\dfrac{5}{8}\right) = -\left(\dfrac{15}{16} \div \dfrac{5}{8}\right) = -\dfrac{15}{16} \times \dfrac{8}{5} = -\dfrac{3 \times 1}{2 \times 1} = -\dfrac{3}{2}$.

(3) $\dfrac{2}{17} \div 10 = \dfrac{2}{17} \div \dfrac{10}{1} = \dfrac{2}{17} \times \dfrac{1}{10} = \dfrac{1 \times 1}{17 \times 5} = \dfrac{1}{85}$.

例 11 计算:

(1) $\dfrac{3}{5} - \dfrac{7}{3} + \dfrac{22}{5} + \dfrac{1}{7} - \dfrac{4}{3} - \dfrac{8}{7}$;

(2) $\dfrac{2}{3} \times \left(-\dfrac{1}{2}\right) \div \dfrac{1}{3} \div \dfrac{4}{5} \div \left(-\dfrac{6}{5}\right)$.

解 (1) $\dfrac{3}{5} - \dfrac{7}{3} + \dfrac{22}{5} + \dfrac{1}{7} - \dfrac{4}{3} - \dfrac{8}{7}$

$$= \left(\dfrac{3}{5} + \dfrac{22}{5}\right) - \left(\dfrac{7}{3} + \dfrac{4}{3}\right) + \left(\dfrac{1}{7} - \dfrac{8}{7}\right) \qquad \text{(交换律、结合律)}$$

$$= \dfrac{25}{5} - \dfrac{11}{3} + (-1)$$

$$= \dfrac{25 \times 3}{5 \times 3} - \dfrac{11 \times 5}{3 \times 5} - 1$$

$$= \dfrac{75}{15} - \dfrac{55}{15} - 1$$

$$= \dfrac{20}{15} - 1 = \dfrac{4}{3} - 1 = \dfrac{1}{3}.$$

(2)　$\dfrac{2}{3} \times \left(-\dfrac{1}{2}\right) \div \dfrac{1}{3} \div \dfrac{4}{5} \div \left(-\dfrac{6}{5}\right)$

$= \dfrac{2}{3} \times \left(-\dfrac{1}{2}\right) \times 3 \times \dfrac{5}{4} \times \left(-\dfrac{5}{6}\right)$

$= \dfrac{2 \times 1 \times 3 \times 5 \times 5}{3 \times 2 \times 4 \times 6} = \dfrac{25}{24}.$

注　在乘法算式中,从左到右依次进行计算.在除法算式中,也是从左到右逐次计算,但除法不满足交换律和结合律,即

$$a \div b \neq b \div a, \quad (a \div b) \div c \neq a \div (b \div c).$$

思考题　　(1) 化分数 $\dfrac{140}{105}, \dfrac{65}{210}$ 为最简分数.

(2) 化分数 $\dfrac{2}{3}, \dfrac{7}{10}, \dfrac{3}{12}$ 为分母相同的分数.

(3) 计算 $\dfrac{3}{7} + \left(-\dfrac{5}{3}\right) + \dfrac{2}{5} - \dfrac{4}{7} + \dfrac{7}{5} + \left(-\dfrac{2}{3}\right)$.

(4) 计算 $\left(-\dfrac{10}{3}\right) \times \left(-\dfrac{3}{10}\right) \times \dfrac{1}{41}$.

(5) 计算 $\left(-\dfrac{5}{2}\right) \div (-5) \times \left(-\dfrac{10}{3}\right)$, $\quad \left(-\dfrac{10}{3}\right) \div \dfrac{7}{3} \div \dfrac{6}{5} \div 5$.

1.3.2　有理数

1. 什么样的数叫做有理数

通常说,全体整数和分数统称为有理数,我们还可以这样概述:假设 m, n 为整数,$n \neq 0$,称 $m \div n$ 的商为有理数.记商为 $\dfrac{m}{n}$,即 $m \div n = \dfrac{m}{n}$,$n \neq 0$ 的全体数为有理数.

显然

当 $m = 0, 1, 2, \cdots$,且 $n = 1$ 时,$\dfrac{m}{n} = 0, 1, 2, \cdots$;

当 $m = -1, -2, -3, \cdots$,且 $n = 1$ 时,$\dfrac{m}{n} = -1, -2, -3, \cdots$;

当 $m = \pm 1, \pm 2, \pm 3, \cdots$,且 $n = 1$ 时,$\dfrac{m}{n} = \pm 1, \pm 2, \pm 3, \cdots$;等等.

因此,从上述定义中可知,当 $m \div n$ 为整数时,有理数包含全体整数;当 $\dfrac{m}{n}$ 不为

整数时, $\frac{m}{n}$ 就是分数. 所以, 有理数包括全体分数和整数.

根据除法法则, $m \div n$ 的商不为整数时, $\frac{m}{n}$ 是一个小数.

2. 分数与小数互化

根据除法法则, $m \div n$ 的商不为整数时, $\frac{m}{n}$ 是一个分数, 亦是一个小数.

例1 $\frac{1}{4}=1\div4=0.25, \frac{17}{5}=17\div5=3.4, \frac{9}{6}=9\div6=1.5, -\frac{19}{8}=-(19\div8)$

$=-2.375, \frac{17}{100}=17\div100=0.17,$ 等等.

例2 $\frac{1}{3}=1\div3=0.33\cdots=0.\dot{3},$

$$\frac{16}{7}=16\div7=2.285714285714285714\cdots=2.\dot{2}8571\dot{4},$$

$$\frac{37}{30}=37\div30=1.2333\cdots=1.2\dot{3},$$

$$\frac{111}{495}=111\div495=0.22424\cdots=0.2\dot{2}\dot{4}.$$

例1中的分数化成小数时, 小数位数是有限的, 我们称这类小数为有限小数. 例2中的分数化成小数时, 小数位数有无限多个, 我们称这类小数为<u>无限循环小数</u>, 简称为循环小数.

在循环小数中重复出现的数组称为一个循环节, 如 2.285714285714… 中 285714 称一个循环节.

在循环小数中从第一个开始出现的小数称为<u>纯循环小数</u>, 否则称为<u>混循环小数</u>.

例如, 例2中 $0.\dot{3}$、$2.\dot{2}8571\dot{4}$ 为纯循环小数; $1.2\dot{3}$、$0.2\dot{2}\dot{4}$ 称为混循环小数.

从例1、例2得知:

<u>任何分数总可化成有限小数或循环小数; 反过来, 任何有限小数和循环小数又可化成分数.</u>

例3 化有限小数 $0.3, -0.12, 8.512$ 为分数.

解 利用分数的性质化有限小数为分数.

$$0.3=\frac{0.3}{1}\times\frac{10}{10}=\frac{0.3\times10}{10}=\frac{3}{10};$$

$$-0.12=-\frac{0.12\times100}{1\times100}=-\frac{12}{100}=-\frac{3}{25};$$

$$8.512 = \frac{8.512 \times 1000}{1 \times 1000} = \frac{8512}{1000} = \frac{8512 \div 8}{1000 \div 8} = \frac{1064}{125} = 8\frac{64}{125}.$$

例 4　化纯循环小数 $0.\dot{7}, 0.\dot{1}\dot{8}, 0.\dot{0}4\dot{5}, 0.\dot{3}1\dot{8}$ 为分数.

解　这里用直接化法求分数,即纯循环小数的分数,它的分子等于纯循环小数的一个循环节,分母为 9,9 的个数等于循环节中数字的个数,其方法和原理将在等比数列和方程应用中介绍.

$$0.\dot{7} = \frac{7}{9}; \quad 0.\dot{1}\dot{8} = \frac{18}{99} = \frac{2}{11};$$

$$0.\dot{0}4\dot{5} = \frac{45}{999} = \frac{5}{111}; \quad 0.\dot{3}1\dot{8} = \frac{318}{999} = \frac{106}{333}.$$

例 5　化混循环小数 $0.3\dot{1}\dot{5}, 3.2\dot{6}\dot{4}$ 为分数.

解　这里用直接化法求分数,即混循环小数的分数,它的分子为第二个循坏节前部分减去不循环部分,分母为 9 和 0 组成,9 的个数与循环节中数字个数相同,而 0 的个数与不循环部分的个数相同(方法和原理同前).

$$0.3\dot{1}\dot{5} = \frac{315 - 3}{990} = \frac{312}{990} = \frac{52}{165},$$

$$3.2\dot{6}\dot{4} = 3 + 0.2\dot{6}\dot{4} = 3 + \frac{264 - 26}{900} = 3 + \frac{238}{900} = 3 + \frac{119}{450} = 3\frac{119}{450}.$$

从上例中充分说明:

分数可化成有限小数和无限循环小数,反过来,有限小数和无限循环小数又可化成分数,所以我们称有限小数、无限循环小数和整数为有理数,即

$$有理数 \begin{cases} 整数 \\ 分数 \begin{cases} 有限小数 \\ 无限循环小数 \end{cases} \end{cases}$$

3. 稠密性

整数与数轴上的原点及各个分点是相对应的(见图 1-13),而任何两相邻整数间有无穷多个有理数.

如 2 与 3 之间,有

$$2 < 2.1 < 2.11 < 2.12 < \cdots < 2.2 < 2.21 < 2.22 < \cdots < 2.3 < 2.31$$
$$< \cdots < 2.81 < \cdots < 2.89 < 2.9 < 2.91 < \cdots < 2.99 < 3.$$

如 -3 与 -2 间,有

$$-3 < -2.99 < -2.98 < \cdots < -2.9 < -2.89 < \cdots < -2.29$$
$$< -2.2 < -2.19 < \cdots < -2.1 < -2.09 < \cdots < -2.$$

因此,任何有理数都是与数轴上的点相对应.如 $2.5, -1.5, 0.\dot{3}$,如图 1-13 所示.

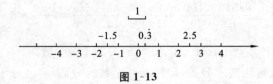

图 1-13

有理数虽有无穷多个,它们都密布在数轴上,反过来,数轴上的某些点都与有理数相对应.

 (1) 化下列分数为小数:

$$\frac{1}{8},\ \frac{16}{15},\ \frac{7}{24},\ -\frac{9}{11},\ \frac{113}{1000},\ \frac{81}{70},\ \frac{24}{115}.$$

(2) 化下列小数为分数:

$$0.5,\ 1.35,\ -3.275,\ 0.\dot{7},\ -0.1\dot{5}\dot{2},\ 0.20\dot{5},\ -3.\dot{1}\dot{4}.$$

(3) 在图 1-13 上找出与有理数 $\frac{1}{5}$,0.25,0.16 的对应点.

1.4　实数

1.4.1　无理数

人们在量度过程中,发现有些长度不是有理数.

例 1　今有一个正方形,边长为 1 时,其对角线长是多少?如图 1-14 所示,对角线长是 $\sqrt{2}$. 它不是有理数,是一个无限的不循环小数 $\sqrt{2}=1.41\cdots$.

例 2　有一个直角三角形(见图 1-15),它的一直角边长为 1,另一直角边长为 2,则斜边长为 $\sqrt{5}$,它不是有理数,是一个无限不循环小数,$\sqrt{5}=2.236\cdots$.

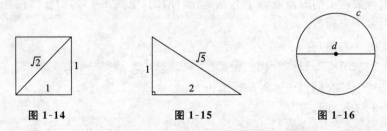

图 1-14　　　　　　图 1-15　　　　　　图 1-16

例 3　如图 1-16 所示,有一圆的周长为 c,直径为 d,而 c 与 d 的商 $\frac{c}{d}$ 记为 π,而 π 不是有理数,是一个无限的不循环小数,$\pi=3.1415926\cdots$.

例 4　无限不循环小数如 $0.101001000100001\cdots$，$-5.13113111311113\cdots$，

$5.4040040004\cdots$都是无限不循环小数，不是有理数.

　　像上述的这类小数有无限多个，如 $\sqrt[3]{4}$，$\sqrt{5}$，$\sqrt{7}$，$\sqrt{11}$，$\sqrt[3]{9}$，$\sqrt[3]{5}$，$\sqrt[3]{2}$，$e=2.7182\cdots$

等.我们称它们为**无理数**，即无限不循环小数统称为无理数.

　　无理数也有无穷多个，如 $\sqrt{2}$，$\sqrt{3}$，$\sqrt{5}$，$\sqrt{7}$，$\sqrt{11}$，$\sqrt[3]{2}$，$\sqrt[3]{3}$，$\sqrt[3]{4}$，等.

　　（1）你能找出更多的无理数（无限不循环小数）来吗？
　　（2）根据例 1、例 2 你能画出长度是无理数的线段来吗？

　　阅读材料：【两个重要的无理数】

　　在无理数中，有两个特别重要的数：π 和 e.

　　1.　圆周率 π

　　$\pi=\dfrac{\text{圆周长}}{\text{直径长}}$是一个常数，称为圆周率.

　　我国古代长期用"周三径一"来描述圆的周长与直径的关系.也有人说，圆周率

π 是圆的面积与半径平方 $\left(\dfrac{d}{2}\right)^2$ 的比.我国古代数学家对 π 的研究曾作出了重大贡

献，特别是祖冲之（429—500）算出了 $3.1415926<\pi<3.1415927$.还有人用分数 $\dfrac{22}{7}$

和 $\dfrac{355}{113}$来近似表示 π 的值.一千多年前能研究出此成果的确是很了不起的事情.

　　祖冲之不仅是一位数学家，还是一位天文学家，他通晓天文、历史、机械制造、

音乐等，他兴趣广泛，善于学习前人，勇于创新，他坚持真理的精神，激励着后人.

　　π 值的计算方法很多，英国人格里高利（J.Gregory）曾于 1671 年应用公式

$$\frac{\pi}{4}=1-\frac{1}{3}+\frac{1}{5}-\frac{1}{7}+\frac{1}{9}-\frac{1}{11}+\frac{1}{13}-\frac{1}{15}+\frac{1}{17}-\frac{1}{19}+\cdots+\frac{(-1)^{n-1}}{2n-1}+\cdots$$

来求 π 的近似值.

　　后来英国人尚克斯用无穷级数法算出 π 值小数点后 707 位后，为纪念他的功

绩，在他的墓碑上刻着 π 值小数点后 707 位数值.现在用计算机已算出小数点后 5

万亿位了.

　　2.　自然底数 e

　　无理数 e 在数学和工程学中应用十分广泛，常以 e 为底来定义对数，即 $\log_e x$

叫做自然对数，常记为 $\ln x$.

　　伟大数学家欧拉在 1727 年引用 e 来表示无穷级数：

$$1+\frac{1}{1!}+\frac{1}{2!}+\frac{1}{3!}+\frac{1}{4!}+\cdots+\frac{1}{n!}+\cdots.$$

$n!$ 表示自然数 $1,2,3,4,\cdots,n$ 的积,即 $n!=1\times2\times3\times\cdots\times n.$

e 的用途很大,如

$$\lim_{n\to\infty}\left(1+\frac{1}{x}\right)^{x}=e.$$

又如用 e 来定义双曲函数:

双曲正弦 $\quad\sinh x=\dfrac{e^{x}-e^{-x}}{2};$

双曲余弦 $\quad\cosh x=\dfrac{e^{x}-e^{-x}}{2}.$

1.4.2　实数与数轴

实数是有理数与无理数的统称. 即前面所讨论的数:整数、有限小数、无限循环小数和无限不循环小数.

$$\text{实数}\begin{cases}\text{有理数}\begin{cases}\text{整数}\begin{cases}\text{自然数(正整数)}\\\text{零}\\\text{负整数}\end{cases}\\\text{分数(有限小数和无限循环小数)}\end{cases}\\\text{无理数(无限不循环小数)}\end{cases}$$

前面介绍了任何整数与数轴上的点是一一对应的,分数(有限小数和无限循环小数)与数轴上某些点(非分点)也是一一对应的. 无理数能在轴上找到与之对应的点吗? 肯定可以找到. 下面仅举例说明.

例如在数轴上找出 $\sqrt{2},\sqrt{5},-\sqrt{2},-\sqrt{5}$ 的对应点,如图 1-17 所示.

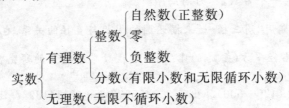
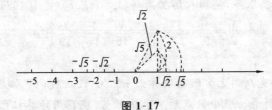

图 1-17

这样,任何实数都可以用数轴上的点来表示,反过来数轴上的点也可以表示一个实数,即任何实数与数轴上的点是一一对应的.

例如,大于等于 -2 又小于等于 3 的实数 x,即 $-2\leqslant x\leqslant3$,就是数轴上从 -2 到 3 之间线段上所有点对应的实数,常记为 $[-2,3].$ 同样,实数 x 若满足 $-1<x\leqslant2$,常记为 $(-1,2]$;实数 x 若满足 $0\leqslant x<4$,记为 $[0,4)$;实数 x 若满足 $-3<x<$

5,记为(−3,5). 这种记号称为区间,"(　　)"称为<u>开区间</u>,不含端点实数;
"[　　]"称为<u>闭区间</u>,含端点实数;"(　　]"和"[　　)"称为<u>半开半闭区间</u>,一半含端点实数,一半不含端点实数,如图 1-18 所示.

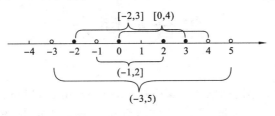

图 1-18

前面我们讲过,整数的和、差、积仍是整数;有理数的和、差、积、商(除数不为0)仍是有理数. 关于无理数的加、减、乘、除、开方、乘方运算在此不介绍,但任何实数在运算中,和、差、积、商(除数不为 0)仍是实数.

实数在开方运算中,当实数 $a \geqslant 0$ 时,n 次方根 $\sqrt[n]{a}$ 仍是实数,它总是可以求出的. 求法有:定义法(见前面开方运算),查方根表法,借助计算机求解,等等.

> **注** 若 $a < 0$ 时,n 为偶数,$\sqrt[n]{a}$ 在复数中是可求的. 如 $\sqrt{-2} = \sqrt{2}\mathrm{i}$,i 为复数单位,若想知晓,需进一步学习.

> **思考题**　下列各数中,哪些是整数? 哪些是自然数? 哪些是分数? 哪些是循环小数? 哪些是有限小数? 哪些是实数? 哪些是有理数? 哪些是无理数?
>
> $$-1\frac{1}{2}, \quad \frac{1}{11}, \quad -\frac{1}{7}, \quad 0.3\dot{1}, \quad 0.1\dot{2}, \quad 0, \quad 13,$$
>
> $$\sqrt{11}, \quad 2\pi, \quad \sqrt[3]{4}, \quad -\sqrt[3]{27}, \quad \sqrt{7}, \quad \sqrt{121}, \quad \sqrt{256},$$
>
> $$\sqrt[3]{8}, \quad -\frac{33}{3}, \quad \sqrt{-9}.$$

第 2 章

集合和同余

集合论是 1897 年由德国数学家康托(George Cantor,1845—1918)创立的,开始不被人们所注意,1908 年德国数学家蔡梅罗(Ernst Zermelo)建立了集合论的公理体系后,才使集合论成为数学中最重要、最基本的一个概念,集合论用于古典分析、泛函、函数论和概率论等数学学科中,后来又成为现代数学领域中(如计算机科学、数据结构、程序语言、信息论、排队论)一个最重要的、不可缺少的基本概念.

随着科学技术的发展和计算机的广泛应用,又成为人们生活中屡见不鲜的一个概念.

2.1 集合及应用

2.1.1 集合概念

1. 什么叫做集合

集合是我们常见到的由某些事物组成的整体,如某家养了三只鸡,有白、黑、黄三种颜色,三只鸡组成一个整体,称为集合.又如学校某班的全体同学组成一个整体,也是一个集合,学校的全体师生组成的整体,也是一个集合,一堆麦子是以麦子为个体的一个集合,等等.

因此,我们称具有某种性质、确定的、可分辨的事物组成的整体,称为集合,简称为集.集合中每个事物称为元,记为 $a,b,c,\cdots$.集合用大写字母 $A,B,C,\cdots$ 表示,或记为 $\{,\cdots,\}$,或记为 $\{x|$ 具有性质$\}$.如果集合中的元素是数时,称它为数集.

如果 a 为集合 A 中的元素,则称 a 属于 A,记为 $a\in A$.如果 a 不是集合 A 中的元素,称 a 不属于 A,记为 $a\notin A$.

如果集合 A 中的元素个数为有限个时,称个数为 A 的基数,记为 $|A|$.

如果集合不含任何元素,则称该集合为空集,记为 $\varnothing=\{\ \}$,$|\varnothing|=0$.

例 1 当由数 0,1,2,3,4,5 组成一个集合 A 时,记为
$$A=\{0,1,2,3,4,5\},\quad A\text{ 的基数 }|A|=6.$$

例 2 设 26 个英文字母 $a,b,c,\cdots,z$ 的集合为 M,可记为

$$M=\{a,b,c,\cdots,z\},k\in M,\quad M \text{ 的基数} |M|=26.$$

例 3　0 和自然数的全体组成集合 **N**,可记为

$$\mathbf{N}=\{0,1,2,\cdots\}\quad \text{或}\quad \mathbf{N}=\{x|x=0,1,2,,\cdots\}.$$

0 和 1 两个数组成一个集合,即 $\{0,1\}$,$|\{0,1\}|=2$.

偶数全体组成一个集合,记为 $\{2k|k=0,\pm1,\pm2,\cdots\}$.

奇数全体组成一个集合,记为 $\{2k+1|k=0,\pm1,\pm2,\cdots\}$.

2. 子集

如果集合 B 中每个元素都是集合 A 中的元素,则称集合 B 为集合 A 的子集合,简称子集,或称 A 包含 B,记为 $B\subseteq A$,否则,$B\nsubseteq A$. 空集 $\varnothing$ 为任何集合的子集,即 $\varnothing\subseteq A$.

例 4　设 $A=\{a,b,c,d\}$,$B=\{a,c\}$,显然 $B\subseteq A$.

3. 相等

例如,设集合 $A=\{1,2,3,4\}$,$B=\{1,2,3,4\}$,集合 A,B 中元素相同,称集合 A 与 B 相等,记为 $A=B$.

一般地,如果两个集合 A,B 中所含元素相同,称它们相等,记为 $A=B$. 否则,它们不相等,记为 $A\neq B$.

4. 全集

在一个具体问题中,如果所涉及的集合都是某个集合的子集,我们称这个集合为全集. 记作 E 或 U.

全集是一个相对的概念,所研究的问题不同,选取的全集可以不同. 例如,研究一个学校各班学生的情况,全校学生可为全集. 如果讨论整数中的问题时,整数集可以为全集.

2.1.2　集合的运算

1. 并集

例 1　设集合 $A=\{1,2,3,4\}$,$B=\{3,4,5\}$,称集合 $C=\{1,2,3,4,5\}$ 为集合 A 与 B 的并集,记为 $C=A\cup B$.

例 2　设集合 $M=\{1,7,8\}$,$N=\{1,2,3,4,5,6,7,8\}$,称集合 $G=\{1,2,3,4,5,6,7,8\}$ 为集合 M 与 N 的并集,记为 $G=M\cup N$.

例 3　设集合 $M'=\{a,b,c\}$,$N'=\{e,f,g,h\}$,称集合 $K=\{a,b,c,e,f,g,h\}$ 为集合 M' 与 N' 的并集,记为 $K=M'\cup N'$.

一般地,设集合 A 与 B 中的所有元素组成一个新的集合,记它为集合 A 与 B 的并集,记为 $A\cup B$,即 $A\cup B=\{x|x\in A \text{ 或 } x\in B\}$.

如图 1-19(a)、(b)、(c)、(d) 所示，图中阴影部分表示并集 $A \cup B$. 这种图称为文氏图. 文氏图是由英国数学家维恩 (Venn，1834—1883) 提出的. 用文氏图表示集合间的关系较为直观，应用较为广泛，通常用长方形表示全集，用圆形表示子集.

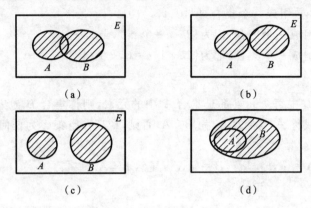

图 1-19

例 4 设

$$A = \{1,2,3,4\}, \quad B = \{7,8,9\}, \quad C = \{7,8,9,10\}, \quad D = \{5,7\},$$

求 $A \cup B, B \cup C, A \cup D, B \cup D$.

解
$$A \cup B = \{1,2,3,4,7,8,9\},$$
$$B \cup C = \{7,8,9,10\},$$
$$A \cup D = \{1,2,3,4,5,7\},$$
$$B \cup D = \{5,7,8,9\}.$$

2. 交集

例 5 设集合 $A = \{1,7,8,9\}, B = \{1,3,5,8,12\}$，称集合 $C = \{1,8\}$ 为 A 与 B 的交集，记为 $A \cap B = C$.

例 6 设集合 $A_1 = \{3,5,7\}, B_1 = \{3,5,7,9,11\}$，称集合 $C_1 = \{3,5,7\}$ 为 A_1 与 B_1 的交集，记为 $A_1 \cap B_1 = C_1$.

例 7 设集合 $M = \{19,20,23\}, N = \{18,21,35\}$，称集合 M 与 N 的交集为空集，记为 $M \cap N = \varnothing$.

一般地，由集合 A 与 B 中的公共元素组成的集合，称为集合 A 与 B 的交集，记为 $A \cap B$，即

$$A \cap B = \{x \mid x \in A \ 且 \ x \in B\}.$$

交集 $A \cap B$ 的文氏图如图 1-20(a)、(b)、(c) 所示，$A \cap B$ 为图中阴影部分.

例 8 设集合

$$A = \{a,b,c,d\}, \quad B = \{b,e,f\}, \quad C = \{b,d\}, \quad D = \{d,h,j\},$$

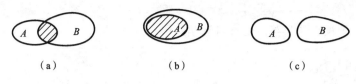

（a） （b） （c）

图 1-20

求 $A\cap B, A\cap C, B\cap D, C\cap D$.

解 $A\cap B=\{b\}$, $A\cap C=\{b,d\}$, $B\cap D=\varnothing$, $C\cap D=\{d\}$.

例 9 设集合
$$A=[0,2]=\{x\mid 0\leqslant x\leqslant 2\}, \quad B=[1,3]=\{x\mid 1\leqslant x\leqslant 3\},$$
求 $A\cup B$ 和 $A\cap B$.

解 $A\cup B=[0,3]=\{x\mid 0\leqslant x\leqslant 3\}$, $A\cap B=[1,2]=\{x\mid 1\leqslant x\leqslant 2\}$.

将集合 A,B 的区间用坐标轴表示出来后，可以很直观地得出集合 $A\cup B$ 和 $A\cap B$ 的区间，如图 1-21 所示.

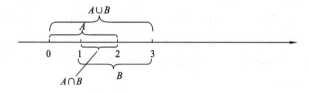

图 1-21

例 10 某班有 50 名学生，其中有 30 人选学英语，有 25 人选学法语，而 10 人选学英语和法语，问该班有多少人既没有选学英语也没有选学法语呢？

解 设 50 人中既没有选学英语也没有选学法语的学生人数为 x 人，由题意可以画出集合的文氏图，如图 1-22 所示.

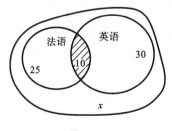

图 1-22

由图上直观可得
$$x+(25-10)+(30-10)+10=50,$$
$$x+15+20+10=50,$$

$$x=50-45=5.$$

即只有 5 人既没有选学英语也没有选学法语.

(1) 设集合 $A=\{2,4,5,8,9\}$, $B=\{2,4,5,8,9,10\}$, $C=\{4,5,12,13\}$, 求 $A\bigcup B\bigcup C$, $A\bigcap B\bigcap C$.

(2) 设集合 $A=\{1,3,5,7,9,\cdots\}$, $B=\{2,4,6\}$, 求 $A\bigcup B$, $A\bigcap B$.

(3) 某班学生 50 人, 今知 28 人在语文考试中获得 80 分以上的优秀成绩, 在数学考试中有 24 人获得 80 分以上的优秀成绩, 有 15 人的两科考试成绩均在 80 分以下, 问有多少人两科成绩均在 80 分以上?

3. 差集

例 11 设集合 $A=\{a,b,c,d,e,f\}$, $B=\{d,e,f,g,h\}$, 称集合 $D=\{a,b,c\}$ 为集合 A 对集合 B 的差集, 记为 $A-B$.

例 12 设集合 $A=\{1,2,3,4\}$, $B=\{6,7,8\}$, 称集合 $A=\{1,2,3,4\}$ 为集合 A 对集合 B 的差集, 记为 $A-B$.

一般地, 集合 A, B 中属于集合 A 而不属于集合 B 的元素组合的集合, 称为 A 对 B 的元素差, 记为 $A-B$, 即

$$A-B=\{x\mid x\in A \text{ 且 } x\notin B\}.$$

特别地, 若集合 $A=E$ 时, 称 $E-B$ 为补集, 又称 $E-B$ 为 B 的补集, 记为 $\overline{B}$, 即 $\overline{B}=\{x\mid x\in E \text{ 且 } x\notin B\}$.

差集 $A-B$ 用文氏图表示, 如图 1-23(a)、(b)、(c)中的阴影部分所示.

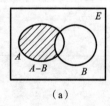　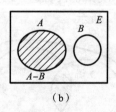　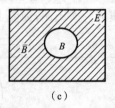

(a)　　　　　　　(b)　　　　　　　(c)

图 1-23

例 13 设集合

$$E=\{1,2,3,4,5,\cdots\}, \quad A=\{1,3,5,7\}, \quad B=\{1,5\},$$

求 $A-B$, $B-A$, $\overline{A}$, $\overline{B}$.

解
$$A-B=\{3,7\}, \quad B-A=\varnothing,$$
$$\overline{A}=E-A=\{2,4,6,8,9,10,\cdots\},$$
$$\overline{B}=E-B=\{2,3,4,6,7,8,9,\cdots\}.$$

思考题　（1）设集合 $A=\{1,2,5,9,11,13\}$，$B=\{2,4,8,12\}$，求 $A-B,B-A$.

（2）设集合 $A=\{4,6\}$，$B=\{2,8,9,10\}$，$C=\{2,4,6,8\}$，求 $A-B,A-C$.

（3）设集合 $E=\{1,2,3,4,5\cdots\}$，$A=\{1,3,5,7,9,11,\cdots\}$，$B=\{2,4,6,8,10,\cdots\}$，求 $\overline{A},\overline{B}$.

2.1.3　并集中元素个数的计算

设集合 $A=\{1,2,3,4\}$，$B=\{3,4,5\}$，则 $A\bigcup B=\{1,2,3,4,5\}$，$A\bigcap B=\{3,4\}$，$|A|=4$，$|B|=3$，$|A\bigcup B|=5$，$|A\bigcap B|=2$.

画出文氏图，如图 1-24 所示.

从图 1-24 易看出
$$|A\bigcup B|=|A|+|B|-|A\bigcap B|.$$

一般地，设有集合 A,B，且 $|A|,|B|,|A\bigcap B|$ 已知，那么
$$|A\bigcup B|=|A|+|B|-|A\bigcap B|.$$

例 1　已知集合
$$A=\{1,2,3,4,5,6,7\},\quad B=\{1,2,3,8,9,10,14,16\},$$
$$C=\{1,2,5,6,8,9,10,12,15\},$$

求 $A\bigcup B\bigcup C$ 及并集中元素的个数.

解
$$|A|=7,\qquad |B|=8,\qquad |C|=9,$$
$$A\bigcap B=\{1,2,3\},\qquad |A\bigcap B|=3,$$
$$A\bigcap C=\{1,2,5,6\}\qquad |A\bigcap C|=4,$$
$$B\bigcap C=\{1,2,8,9,10\},\qquad |B\bigcap C|=5,$$
$$A\bigcap B\bigcap C=\{1,2\},\qquad |A\bigcap B\bigcap C|=2.$$

我们从图 1-25 上可得
$$|A\bigcup B\bigcup C|=7+8+9-3-4-5+2=14,$$
即 $|A\bigcup B\bigcup C|=|A|+|B|+|C|-|A\bigcap B|-|A\bigcap C|-|B\bigcap C|+|A\bigcap B\bigcap C|.$

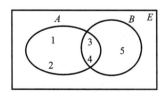

图 1-24

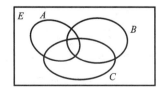

图 1-25

一般地,有如下结论:

设有集合 A,B,C,且 $|A|$、$|B|$、$|C|$、$|A\cap B|$、$|A\cap C|$、$|B\cap C|$、$|A\cap B\cap C|$ 已知,那么

$$|A\cup B\cup C|=|A|+|B|+|C|-|A\cap B|-|A\cap C|-|B\cap C|+|A\cap B\cap C|.$$

思考题　(1) 设 $A=\{a_1,a_2,a_3,a_4,a_5\}$,$B=\{a_1,a_3,a_4,a_6,a_7\}$,求 $|A\cup B|$.

(2) 设 $A=\{1,5,6,7,8,9,10\}$,$B=\{1,5,7,11,13\}$,$C=\{1,5,7,8,11,20,21\}$,求 $|A\cup B\cup C|$.

(3) 若有 4 个集合 A,B,C,D,你能求出 $|A\cup B\cup C\cup D|$ 的公式来吗?

2.1.4 集合应用举例

例 1　某班有 50 名学生,其中有 30 人选学英语,有 25 人选学法语,而 10 人选学英语和法语,问该班有多少人既没有选学英语也没有选学法语呢?

解　设该班学生为集合 E,选学英语的学生为集合 A,选学法语的学生为集合 B,那么既没有选学英语也没有选学法语的人数为

$$|E|-|A\cup B|=50-(|A|+|B|-|A\cap B|)$$
$$=50-(30+25-10)=5.$$

例 2　某班有 25 人,其中有 14 人会打篮球,12 人会打排球,6 人会打篮球和排球,5 人会打篮球和网球,有 2 人会打篮球、排球和网球,而 9 人会打网球还会打另一种球(篮球或排球),问不会打这三种球的人有多少? 既会打网球又会打排球的人有多少?

解　设会打篮球的人为集合 A,会打排球的人为集合 B,会打网球的人为集合 C,班级上学生为集合 E.依题设可得

$$|A|=14,\quad |B|=12,\quad |C|=9,\quad |E|=25,$$
$$|A\cap B|=6,\quad |A\cap C|=5,\quad |A\cap B\cap C|=2.$$

因为会打网球的 9 人中还会打另一种球,即排球或篮球,而其中会打篮球的人有 5 人,所以会打排球的人应有 4 人,加上会打三种球的人有 2 人,因此既会打网球又会打排球的人数为 $|B\cap C|=6$(人). 其文氏图如图 1-26 所示.

由图可得,不会打三种球的人数为

$$|E|-|A|-|B|+|A\cap B|=25-14-12+6=5(人).$$

例 3　今有 50 人参加英语测试考试,第一次考试获得 5 分的有 26 人,第二次考试获得 5 分的有 30 人,而两次考试中都未得 5 分的人数有 17 人,问每次都考得

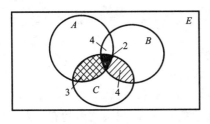

图 1-26

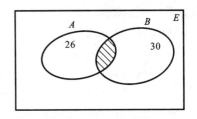

图 1-27

5 分的人数是多少?

解　作出文氏图,如图 1-27 所示.

设第一次考 5 分的人数为集合 A,第二次考 5 分的人数为集合 B,考试的总人数为集合 E,两次考得 5 分的人数为集合 $A\bigcap B$.

依题意得 $|E|=50,|A|=26,|B|=30$,由图 1-27 直接得

$$|E|-|A\bigcup B|=17,$$

即

$$|E|-|A|-|B|+|A\bigcap B|=17,$$

亦即

$$|A\bigcap B|=|A|+|B|-|E|+17=6+17=23,$$

故两次都考得 5 分的人数为 23 人.

例 4　在 24 人的翻译小组中,会英语、法语、德语和日语的人数分别为 13 人、10 人、9 人和 5 人,其中同时会英语和日语的有 2 人,会英语和法语或会英语和德语,或会德语和法语的各有 4 人,会日语的人既不会法语也不会德语,问只会一门外语的人是多少? 同时会英语、德语、法语三种语言的人是多少?

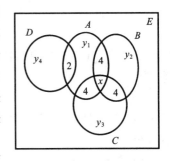

图 1-28

解　设会英语、法语、德语和日语的人数集合依次为 A,B,C 和 D.依题意作出文氏图,如图 1-28 所示.

令会三种语言(英语、法语、德语)的人数为 x,只会英语、法语、德语、日语的人数依次为 y_1,y_2,y_3,y_4.依题意可得以下方程:

$$y_1+4+4+2-x=13, \tag{1}$$

$$y_2+4+4-x=10, \tag{2}$$

$$y_3+4+4-x=9, \tag{3}$$

$$y_4+2=5, \tag{4}$$

$$y_1+y_2+y_3+y_4+2+3\times4-2x=24. \tag{5}$$

由式(4)得 $y_4=3$,代入式(5)得

$$y_1+y_2+y_3-2x=7. \tag{6}$$

由式(1)+式(2)+式(3)得

$$y_1+y_2+y_3-3x=6. \tag{7}$$

由式(6)-式(7)得 $x=1$，即会三种语言的人数为1.

将 $x=1$ 代入式(1)得 $y_1=4$，代入式(2)得 $y_2=3$，代入式(3)得 $y_3=2$. 即在 24 人的翻译小组中，只会英语的有 4 人，只会法语的有 3 人，只会德语的有 2 人，只会日语的有 3 人.

例 5 求整数 1~1000 中能被 5、6 及 8 整除的数有多少个？

解 设 1~1000 的整数集为 E，能被 5 整除的整数集为 A，能被 6 整除的整数集为 B，能被 8 整除的整数集为 C. 作出文氏图，如图 1-29 所示.

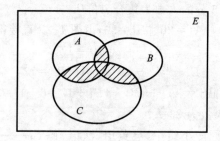

图 1-29

在集合 $A\cap B\cap C$ 中的数一定能被 5、6 和 8 的最小公倍数 $[5,6,8]=120$ 整除，而

$$|A\cap B\cap C|=[1000/120]=8,$$

其中 $[x]$ 表示小于等于 x 的最大整数，即 $A\cap B\cap C$ 中能同时被 5、6、8 整除的数只有 8 个.

同理，计算：

$$|A\cap B|=[1000/[5,6]]=[1000/30]=33,$$

即 $A\cap B$ 中能同时被 5、6 整除的数只有 33 个；

$$|A\cap C|=[1000/[5,8]]=[1000/40]=25,$$

即 $A\cap C$ 中能同时被 5、8 整数的数只有 25 个；

$$|B\cap C|=[1000/[6,8]]=[1000/24]=41,$$

即 $B\cap C$ 中能同时被 6、8 整除的数只有 41 个；

$$|A|=[1000/5]=200,\quad |B|=[1000/6]=166,\quad |C|=[1000/8]=125,$$

所以，能被 5、6、8 整除的个数为

$$|A\cup B\cup C|=|A|+|B|+|C|-|A\cap B|-|A\cap C|-|B\cap C|+|A\cap B\cap C|$$
$$=200+166+125-33-25-41+8=400,$$

即整数 1～1000 中能被 5、6、8 整除的数有 400 个.

　　　（1）某班 45 人，有 20 人在数学考试中取得优秀成绩，有 25 人在计算机考试中取得优秀成绩.已知 17 人在两次考试中都取得优秀成绩，问两次考试中都未取得优秀成绩的人数是多少？

（2）某年级 100 人中，有 47 人学习英语，有 35 人学习德语，有 25 人既学习英语又学习德语，问多少人学习这两种语言呢？

（3）今有 75 个人到书店买语文、数学、英语课外书，每种书每个人至多只买 1 本，已知 20 个学生每人买了 3 本，55 个学生每人至少买了 2 本，每本书 10 元，来买书的人总共花了 1400 元，那么恰好买 2 本书的人数是多少？只买 1 本书的人数是多少？没有买书的人数是多少？用文氏图表出.

（4）在 1～2000 中不能被 3、6、8 整除的数有多少个？

2.2　同余及应用

余数问题是我们日常生活中常遇到的一类问题.

其一是发生在减法运算中的余数问题.如购物时用了多少钱，还余下多少钱等.

例 1　小明带 10 元钱去文具店买一个本子，花了 4 元，又买了一支钢笔，花了 4.5 元，最后余下 1.5 元，即 $10-4-4.5=1.5$(元).

例 2　今有苹果 30 个，如果拿走了 5 个、6 个、8 个、15 个、21 个时，余数各是多少呢？余数分别为：
$$30-5=25,\quad 30-6=24,\quad 30-8=22,\quad 30-15=15,\quad 30-21=9,$$
即余数依次为 25 个，24 个，22 个，15 个，9 个.

其二是在除法运算中出现的余数问题.如 $27\div4=6\cdots\cdots3$，余数是 3.

例 3　某人从武汉于当天 8：15 乘火车去哈尔滨需 30 小时，问何时可到达哈尔滨站呢？

因为 $30\div24=1\cdots\cdots6$，余数 6，6：00＋8：15＝14：15，所以第二天 14：15（下午 2：15）到达哈尔滨站.

例 4　若 1 月 14 日是周日，问 2 月 25 日是星期几？

因为 $(17+25)\div7=6\cdots\cdots0$，余数为 0，所以 2 月 25 日是周日.

这类余数问题是用某整数作除数来求余数，也是生活中常遇到的一些问题.下面仅介绍这类问题.

2.2.1　余数与同余

在除法运算中,若 135 除以 7,商为 19,余数是 2,记为

$$135 \div 7 = 19 \cdots\cdots 2$$

或

$$135 = 19 \times 7 + 2.$$

一般地,若 a, b 为正整数,a 除以 b,商为 q,余数为 r,$0 \leqslant r < b$,记为

$$a \div b = q \cdots\cdots r, \quad 0 \leqslant r < b,$$

或记为

$$a = b \times q + r, \quad 0 \leqslant r < b.$$

例1　求 1259 除以 5,365 除以 12 的商和余数.

因 $1259 \div 5 = 251 \cdots\cdots 4$,故商为 251,余数为 4.

因 $365 \div 12 = 30 \cdots\cdots 5$,故商为 30,余数为 5.

例2　用 5 除以 5,6,7,8,9,10,11,12,13,14,15,16,17,18,19,20 的余数各是多少?

解　设 a 为被除数,除数为 m,余数为 r,列表如下:

m	5															
a	5	6	7	8	9	10	11	12	13	14	15	16	17	18	19	20
r	0	1	2	3	4	0	1	2	3	4	0	1	2	3	4	0

从本例可知:在除数为 5 的条件下,被除数 5,10,15,20 的余数为 0;被除数 6,11,16 的余数为 1;被除数 7,12,17 的余数为 2;被除数 8,13,18 的余数为 3;被除数 9,14,19 的余数为 4.

当除数为 5 时,我们称它为模 5,记作"mod 5",当它们的余数相同时,称为同余,可分别记为

$$5 \equiv 10 \equiv 15 \equiv 0 (\text{mod } 5), \quad 6 \equiv 11 \equiv 16 \equiv 1 (\text{mod } 5), \quad 7 \equiv 12 \equiv 17 \equiv 2 (\text{mod } 5),$$
$$8 \equiv 13 \equiv 18 \equiv 3 (\text{mod } 5), \quad 9 \equiv 14 \equiv 19 \equiv 4 (\text{mod } 5).$$

而这些式子我们称它为同余式.

例3　用 7 除 0,1,2,3,4,5,6,7,…时,将其余数列表表示出来.

解　设除数为 m,被除数为 a,余数为 r,列表如下:

m	7
a	0 1 2 3 4 5 6 7 8 9 10 11 12 13 14 15 16 17 18 19 20 21 ⋯
r	0 1 2 3 4 5 6 0 1 2 3 4 5 6 0 1 2 3 4 5 6 0 ⋯

从表中可以看出,在除数为 7 的前提下,即模 7(mod 7),扩大自然数集的余数集为 $\{0,1,2,3,4,5,6\}$.仿上例,a, m, r 之间的同余关系可表示为

$$a \equiv r(\bmod m).$$

如 $8 \equiv 1(\bmod 7)$，$9 \equiv 2(\bmod 7)$，$10 \equiv 3(\bmod 7)$，$11 \equiv 4(\bmod 7)$，等等.

我们从上面例 2、例 3 中可知：

若 a,b 为整数，m 为正整数，除数 m 除以被除数 a,b 时，如果余数相同，我们称 a,b 在模 m 下是同余的，记为 $a \equiv b(\bmod m)$. 否则，称 a,b 不同余，记为 $a \not\equiv b$ $(\bmod m)$.

换句话说，若 a,b 为整数，m 为正整数，如果 m 整除 $a-b$，即 $m \mid (a-b)$，我们称 a,b 在模 m 下是同余的，记为 $a \equiv b(\bmod m)$. 否则，称 a,b 不同余，记为 $a \not\equiv b$ $(\bmod m)$.

例 4 在模 5 下，下列哪些数是同余的：

$$121, \quad 527, \quad 326, \quad 11, \quad 67, \quad 22.$$

解 因为 $(326-121) \div 5 = 205 \div 5 = 41$，即 $5 \mid (326-121)$，所以在模 5 下 326 与 121 同余，即 $326 \equiv 121(\bmod 5)$.

因为 $(121-11) \div 5 = 22$，即 $5 \mid (121-11)$，所以 $121 \equiv 11(\bmod 5)$.

同理，$326 \equiv 11(\bmod 5)$.

同上可得 $5 \mid (527-67)$，$5 \mid (527-22)$，$5 \mid (67-22)$，

所以 $527 \equiv 67(\bmod 5)$，$527 \equiv 22(\bmod 5)$，$67 \equiv 22(\bmod 5)$.

 （1）在模 3 下，下列哪些数是同余的（请用例 1、例 2 的方法求解）：

$11, \quad 12, \quad 13, \quad 14, \quad 15, \quad 16, \quad 17, \quad 18, \quad 19, \quad 20, \quad 21, \quad 22.$

（2）在模 4 下，用例 3 的方法判断下列哪些数是同余的：

$81, \quad 82, \quad 83, \quad 84, \quad 85, \quad 86, \quad 87, \quad 88, \quad 89, \quad 90.$

2.2.2 同余性质

同余具有下列性质.

（a）自反性.

任何整数与它本身同余，即对于整数 a 和正整数 m，则 $a \equiv a(\bmod m)$.

（b）对称性.

对于任何整数 a,b，若 a 与 b 同余，则 b 与 a 同余，即若 $a \equiv b(\bmod m)$，则 $b \equiv a$ $(\bmod m)$.

例如，$125 \equiv 8(\bmod 3)$，则 $8 \equiv 125(\bmod 3)$.

（c）传递性.

从上面例 3 中得知：

$$326\equiv121(\bmod 5),\quad 121\equiv11(\bmod 5),$$

有
$$326\equiv11(\bmod 5).$$

一般地,若 $a\equiv b(\bmod m),b\equiv c(\bmod m)$,则
$$a\equiv c(\bmod m).$$

即在模 m 下,若 a 与 b 同余,b 与 c 同余,则 a 与 c 同余.

(d) 可加性.

若在模 m 下,两同余式相加(减)后仍同余,即若
$$a\equiv c(\bmod m),\quad b\equiv d(\bmod m),$$

则
$$a+b\equiv c+d(\bmod m),$$

且
$$a-b\equiv c-d(\bmod m).$$

例如,
$$32\equiv25(\bmod 7),\quad 19\equiv5(\bmod 7),\quad 32+19=51,\quad 25+5=30,$$

则
$$51\equiv30(\bmod 7),$$

即
$$32+19\equiv(25+5)(\bmod 7),$$

且
$$32-19\equiv(25-5)(\bmod 7).$$

(e) 可积性.

若在模 m 下,两同余式的积仍同余,即
$$a\equiv c(\bmod m),\quad b\equiv d(\bmod m),$$

则
$$ab\equiv cd(\bmod m).$$

(证明略)仅举一实例说明.

例如,
$$32\equiv25(\bmod 7),\quad 19\equiv5(\bmod 7),$$
$$32\times19=608,\quad 25\times5=125,\quad 7|(608-125),\quad 608\equiv125(\bmod 7),$$

所以
$$32\times19\equiv25\times5(\bmod 7).$$

(f) 分类.

任一整数集可按模 m 下的余数进行分类.

我们在例 2 中,扩大自然集 $A=\{0,1,2,3,4,5,6,7,8,\cdots\}$,在模 7 下的余数集 $R=\{0,1,2,3,4,5,6\}$,按余数进行分类,得如下集合:
$$[0]_7=\{0,7,14,21,\cdots\},\quad [1]_7=\{1,8,15,22,\cdots\},$$
$$[2]_7=\{2,9,16,23,\cdots\},\quad [3]_7=\{3,10,17,24,\cdots\},$$
$$[4]_7=\{4,11,18,25,\cdots\},\quad [5]_7=\{5,12,19,26,\cdots\},$$
$$[6]_7=\{6,13,20,27,\cdots\}.$$

注 记号 $[0]_7$ 表示在模 7 下余数为 0 的数集,$[1]_7$ 表示在模 7 下余数为 1 的数集,以此类推.如若 $a\in[3]_7$,则 $a\equiv3(\bmod 7)$.

集合$[0]_7,[1]_7,[2]_7,[3]_7,[4]_7,[5]_7,[6]_7$中任一集中的两个数同余,不同的两个集中的两个数不同余.如$[2]_7$中9与$[4]_7$中11是不同余的,而这7个子集的并集等于集合A,即

$$[0]_7 \bigcup [1]_7 \bigcup [2]_7 \bigcup [3]_7 \bigcup [4]_7 \bigcup [5]_7 \bigcup [6]_7 = A,$$

我们称集合$[0]_7$、$[1]_7$、$[2]_7$、$[3]_7$、$[4]_7$、$[5]_7$、$[6]_7$为A的一个分类.

例1　求数集$B=\{4,5,6,7,8,12,14,15,16,17,19,20\}$在模3下的一个分类.

解　数集B在模3下的余数如下表所示:

模数	3											
数	4	5	6	7	8	12	14	15	16	17	19	20
余数	1	2	0	1	2	0	2	0	1	2	1	2

数集B在模3下,按余数0,1,2进行分类,有

$$[0]_3 = \{6,12,15\},$$
$$[1]_3 = \{4,7,16,19\},$$
$$[2]_3 = \{5,8,14,17,20\},$$

所以$[0]_3$、$[1]_3$、$[2]_3$是数集B在模3下的一个分类.

 **思考题**　　　　求例1中数集B在模4下关于余数0,1,2,3的一个分类.

2.2.3　应用举例

例1　若某月1日是周三,那么该月8日、15日、22日、29日是周几? 19日、23日是周几?

解　因为$8\equiv15\equiv22\equiv29\equiv1(\bmod 7)$,又1日是周三,所以8日、15日、22日、29日也是周三.

因为$19=15+4,3+4=7$,所以19日是周日.

因为$23=22+1,3+1=4$,所以23日是周四.

例2　今年3月1日是周二,问10月2日是周几?

解　3月有31天,4月有30天,5月有31天,6月有30天,7月有31天,8月有31天,9月有30天,则3月31日到10月2日的总天数有

$$31+30+31+30+31+31+30+2=216,$$

且 $216 \div 7 = 30 \cdots\cdots 6$,

即 $216 \equiv 6 \pmod 7$. 顺数如下:

    1(周二),   2(周三),   3(周四),   4(周五),   5(周六),   6(周日),

所以 10 月 2 日是周日.

例 3 2008 年 8 月 1 日是周五,问 10 月 1 日是周几?

分析 8 月 1 日是周五,那么在 8 月 1 日到 10 月 1 日的总天数中加 4 后,在模 7 下的余数就是周几.

解 8 月 1 日到 10 月 1 日总天数为 $31 + 30 + 1 = 62$,因为 $62 + 4 \equiv 3 \pmod 7$,所以 10 月 1 日是周三.

例 4 求 $478 \times 296 \times 354 \div 9$,余数是多少?

解 根据同余的可积性求解.

因为 $478 \div 9 = 53 \cdots\cdots 1$,   即 $478 \equiv 1 \pmod 9$,

                $296 \div 9 = 32 \cdots\cdots 8$,   即 $296 \equiv 8 \pmod 9$,

                $354 \div 9 = 39 \cdots\cdots 3$,   即 $354 \equiv 3 \pmod 9$,

所以 $478 \times 296 \times 354 \equiv 1 \times 8 \times 3 \equiv 6 \pmod 9$.

因此 $478 \times 296 \times 354 \div 9$ 的余数为 6.

例 5 找出下列图形排列规律,根据规律推出 16、341 的图形.

(1) □△△□△△□△△…;

(2) ☆○△□☆○△□….

解 (1) 将图形排列 □△△□△△…分别标号 1,2,3,4,5,6…时,若以模 3 来考察,余数为 1,2,0,对应的结果是 1 对应□,2 对应△,0 对应△.

因为 $16 \equiv 1 \pmod 3$,$341 \equiv 2 \pmod 3$,所以 16 的图形为□,341 的图形为△.

(2) 同上方法,以模 4 来考察,余数有 1,2,3,0.1 对应☆,2 对应○,3 对应△,0 对应□.

因为 $16 \equiv 0 \pmod 4$,$341 \equiv 1 \pmod 4$,所以 16 的图形为□,341 的图形为☆.

例 6 今知圆周上有 7 个点和一个△点,如图 1-30 所示,问从哪一个点开始数到点△时,恰好是 220 号点(顺时针数).

解 因为 $220 \div 8 = 27 \cdots\cdots 4$,从△点起逆时针数到第 5 个点,记为 A,从 A 点起顺时针经过 27 周到 A 后,再从 A 到△,A 即为所求.

因为 $27 \times 8 = 216$,A 到△经过 4 个点,正好是 $216 + 4 = 220$ 号点.

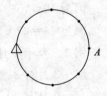

图 1-30

思考题

（1）2006 年 10 月 9 日是周六，问 2007 年 10 月 10 日是周几？（注：闰年多一天，即 2 月 29 天，共 366 天，非闰年是 365 天）

（2）在图形排列

○△□ ☆ ▱ ⼂ ○△□ ☆ ▱ ⼂ …

中 98、564 的图形是什么？

（3）今有一条彩灯，顺序为"红、黄、蓝、白、绿、紫"等色依次排列而成，问第 60、130 个彩灯是什么颜色的灯？

（4）数列为

$$2,3,4,5,2,3,4,5,\cdots,$$

问第 78 项是什么数？前 78 项和是什么？

（5）有一条长 3200 m 的大道，设计从东向西，每 8 m 种植一棵树，树种依次为桂花树、桃树、李子树和橘树，从东向西种植，即

桂花树、桃树、李子树、橘树、桂花树、桃树、李子树、橘树、……．

由两个种植小组完成，甲组从东向西种植，乙组由西向东种植，问乙组第一、二、三、四棵各应种植什么树？

（6）问例 6 中从何点起顺时针数到△点恰为 312 点呢？

（7）有下面周期变化表：

序号\数列	1	2	3	4	5	6	7	8	9	10	11	12	…
（1）	1	2	3	4	1	2	3	4	1	2	3	4	…
（2）	2	3	4	5	6	2	3	4	5	6	2	3	…
（3）	3	4	5	6	7	8	3	4	5	6	7	8	…
（4）	5	6	7	9	11	12	5	6	7	9	11	12	…

求 25670 列上的数是什么？

（8）若方框块按规律变换如下：

0	1	2	3	4	5
A B C D	→ C D A B	→ D C B A	→ B A D C	→ B A C D	→ C D A B

填出序号为 100 和 201 中方框中的字母．

第 3 章

~~~~~~

二进制数及应用

数的进位制有很多种,如八进制、十进制、12 进制和 60 进制等等,十进制和 60 进制是大家熟知的两种.如 60 秒为 1 分钟,60 分钟为 1 小时;在钱币进制中,10 分为一角,10 角为一元,10 元为十元,十个"十元"为百元;等等.

此外,还有一种二进制,也应用广,特别在计算机方面的应用,为此下面介绍一下二进制.

3.1 二进制

3.1.1 什么数叫做二进制

在第 1 章中,我们介绍的十进制数是以 0,1,2,3,4,5,6,7,8,9 十个数字和数位来计数的.这种数称为十进制数,从右到左依次为:第一位(个位),数位值为 1(即 10^0);第二位(十位),数位值为 10(即 10^1);第三位(百位),数位值为 100(即 10^2);第四位(千位),数位值 1000(即 10^3);等等.各数位上的数字为 0,1,2,3,4,5,6,7,8,9 中之一.不同数位上数字的值是不同的.数位之间的关系为"逢十进一"或"退一为十".

设每一个十进制数(自然数)记为 $S_{(10)}$,如十进制数 $369_{(10)}$,个位上数字 9 表示 9 个"1",即 9;十位上数字 6 表示 6 个"10",即 60;百位上数字表示 3 个"100",即 300.因此,十进制数可以表示成 10 的各次幂的和,即

$$369_{(10)} = 300 + 60 + 9 = 3 \times 10^2 + 6 \times 10^1 + 9 \times 10^0.$$

例如,$5207 = 5000 + 200 + 0 + 7 = 5 \times 10^3 + 2 \times 10^2 + 0 \times 10^1 + 7 \times 10^0$.

一般地,有

$$S_{(10)} = A_n \times 10^n + A_{n-1} \times 10^{n-1} + \cdots + A_2 \times 10^2 + A_1 \times 10^1 + A_0 \times 10^0, \qquad (1)$$

其中,$A_n, A_{n-1}, \cdots, A_2, A_1, A_0$ 为 0,1,2,3,4,5,6,7,8,9 中的一个数字.从表示式中可以看出,10 是十进制数表示的基础,称 10 为基数.

同样,二进制数是以 0 和 1 两个数字和数位来记数,这种数称为二进制数.从右到左依次为第一位、第二位、第三位等数位.第一位上的数值为 1(即 2^0),第二位

上的数值为 2(即 2^1),第三位上的数值为 4(即 2^2),第四位上的数值为 8(即 2^3),第五位上的数值为 16(即 2^4),等等.各数位上的数字只有 0 或 1,而数位不同,其数值不同.如第二数位和第三数位上的数字都是 1 时,其数值一个是 2,一个是 4,数位间的关系是"逢二进一"或"退一为二".记二进制数为 $N_{(2)}$.

如二进制 $1111_{(2)}$,第一位数字为 1,数值为 1;第二位数字为 1(即 10),数值为 2;第三位数字为 1(即 100),数值为 4;第四位数字为 1(即 1000),数值为 8.小数点后第一位上数字为 1(即 0.1),数值为 2^{-1},第二位上数字为 1(即 0.01),数值为 2^{-2}.

综上,可得二进制数与十进制数的对应关系:

二进制数	十进制数		二进制数	十进制数
1	$2^0 = 0$		0	0
10	$2^1 = 2$		0.1	$2^{-1} = 0.5$
100	$2^2 = 4$		0.01	$2^{-2} = 0.25$
1000	$2^3 = 8$		0.001	$2^{-3} = 0.125$
$\vdots$	$\vdots$		$\vdots$	$\vdots$
$1\underbrace{0\cdots0}_{n个0}$	2^n		$0.\underbrace{0\cdots0}_{n个0}1$	$2^{-(n+1)}$

类似于十进制数,一个二进制数可以以 2 为基数,把二进制数表示为 2 的幂的和.

例如,$1101_{(2)} = 1000 + 100 + 0 + 1 = 1 \times 2^3 + 1 \times 2^2 + 0 \times 2^1 + 1 \times 2^0$.

一般地,设二进制数为 $N_{(2)}$,它可以表示为 2 的幂的和,2 称为基数.

$$N_{(2)} = A_n \times 1\underbrace{0\cdots0}_{n个0} + A_{n-1} \times 1\underbrace{0\cdots0}_{n-1个0} + \cdots + A_1 \times 10 + A_0 \times 1$$
$$= A_n \times 2^n + A_{n-1} \times 2^{n-1} + \cdots + A_2 \times 2^2 + A_1 \times 2^1 + A_0 \times 2^0,$$

其中,$A_n, A_{n-1}, \cdots, A_2, A_1, A_0$ 为 0 或 1.n 为 $N_{(2)}$ 中数字 A_n 后 0 的个数.

显然,$A_n \times 2^n + A_{n-1} \times 2^{n-1} + \cdots + A_1 \times 2^1 + A_0 \times 2^0$ 为 $N_{(2)}$ 的十进制数 $S_{(10)}$,即

$$N_{(2)} = S_{(10)}.$$

例如,$1101_{(2)} = 1 \times 2^3 + 1 \times 2^2 + 0 \times 2^1 + 1 \times 2^0 = 8 + 4 + 1 = 13_{(10)}$.

例 1　化二进制数 101101 为 2 的幂和,且求出它的十进制数.

解　$101101_{(2)} = 1 \times 2^5 + 0 \times 2^4 + 1 \times 2^3 + 1 \times 2^2 + 0 \times 2 + 1 \times 2^0$
$$= 32 + 8 + 4 + 1 = 45,$$

即
$$101101_{(2)} = 45_{(10)}.$$

阅读材料：【八卦】

二进制数记数法在我国古代早就有了，例如常见的八卦就是一种二进制记数方法，八卦的画法如下：

乾三连　坤六断　震仰盂　艮覆碗　离中虚　坎中满　兑上缺　巽下断

列表如下：

卦名	坤	震	坎	兑	艮	离	巽	乾
八卦	☷	☳	☵	☱	☶	☲	☴	☰
二进制数	000	001	010	011	100	101	110	111
十进制数	0	1	2	3	4	5	6	7

思考题　三进制数是怎样的一种数呢？

3.1.2　二进制数的奇偶性

在十进制数中能被 2 整除的整数称为偶数，否别称为奇数．而二进制数中非负整数的奇偶性又有何特征呢？请看下表：

二进制数	十进制数
0	0
1	1
10	2
11	3
100	4
101	5
110	6
111	7
1000	8
1001	9
1010	10
1011	11
1100	12
⋮	⋮

从上表可知,二进制数的奇偶特征如下:

二进制数中,第一位数为 0 时是偶数,而第一位数为 1 时是奇数.

3.1.3　二进制数与十进制数互化

1. 化二进制数为十进制数

(a) 直接求和法.

根据二进制数 $N_{(2)}$ 的和公式

$$N_{(2)} = A_n \times 2^n + A_{n-1} \times 2^{n-1} + \cdots + A_0 \times 2^0$$

直接化二进制数为十进制数.

例 1　化 $110101_{(2)}$ 为十进制数.

解　$110101_{(2)} = 1 \times 2^5 + 1 \times 2^4 + 0 \times 2^3 + 1 \times 2^2 + 0 \times 2^1 + 1 \times 2^0$

$= 32 + 16 + 0 + 4 + 0 + 1 = 53_{(10)}.$

(b) 表格式算法.

例 2　化 $110110_{(2)}$ 为十进制数.

解　列表如下:

所以　　　　　　　　　　　　$110110_{(2)} = 54_{(10)}.$

一般地,若二进制数 $N_{(2)} = A_n A_{n-1} \cdots A_2 A_1 A_0$,列表如下:

| A_n | A_{n-1} | A_{n-2} | ... | A_2 | A_1 | A_0 |

	$2B_1$	$2B_2$	$\cdots$	$2B_{n-1}$	$2B_n$	
A_n	$2B_1+A_{n-1}$		$\cdots$			
B_1	B_2		$\cdots$	B_{n-1}	B_n	S_n

$$N_{(2)} = S_{(10)}. \quad （见后注）$$

例 3　化 $101011_{(2)}$ 为十进制数.

解　列表如下:

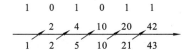

所以　　　　　　　　　　　　$101011_{(2)} = 43_{(10)}.$

注　化二进制数为十进制数的由来.

根据二进制数化十进制数的方法,有

$$N_{(2)} = A_n \times 2^n + A_{n-1} \times 2^{n-1} + \cdots + A_0 \times 2^0 = S_{(10)},$$

可改为

$$\{[(A_n \times 2 + A_{n-1}) \times 2 + A_{n-2}] \times 2 + \cdots + A_1\} \times 2 + A_0 = S_{(10)}.$$

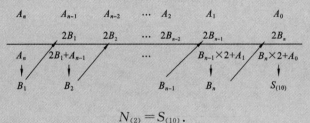

列表如下:

$$N_{(2)} = S_{(10)}.$$

 　(1) 化 $1010101_{(2)}$ 为十进制数.
　(2) 化 $1111101_{(2)}$ 为十进制数.

2. 化十进制数为二进制数

首先看一个例子.

例 4　化 $21_{(10)}$ 为二进制数.

解　用连除法.首先用 2 除以 21,有

$$21 \div 2 = 10 \cdots\cdots 1 (余数).$$

第二步,用 2 除以商 10,有

$$10 \div 2 = 5 \cdots\cdots 0 (余数).$$

第三步,用 2 除以商 5,有

$$5 \div 2 = 2 \cdots\cdots 1 (余数).$$

第三步,用 2 除以商 2,有

$$2 \div 2 = 1 \cdots\cdots 0 (余数).$$

最后,用 2 除以商 1,有

$$1 \div 2 = 0 \cdots \cdots 1 (余数).$$

连除过程用表格表出余数列如下:

除数 2	0	1	2	5	10	21	被除数
	1	0	1	0	1		余数

这样得到的余数列是 $10101_{(2)}$,它是 21 的二进制数.

例 5　化 $125_{(10)}$ 为二进制数.

解　用表格表出余数列如下:

除数 2	0	1	3	7	15	31	62	125	被除数
	1	1	1	1	1	0	1		余数

所以　　　　　　　　　　　　$125_{(10)} = 1111101_{(2)}.$

注　化十进制数为二进制数的表格法如下:

$$S_{(10)} = A_n \times 2^n + A_{n-1} \times 2^{n-1} + \cdots + A_1 \times 2^1 + A_0,$$

其中 $A_n, A_{n-1}, \cdots, A_1, A_0$ 为 0 或 1,则 $A_n A_{n-1} \cdots A_1 A_0$ 为二进制数.

$$S_{(10)} = [(A_n \times 2^{n-2} + A_{n-1} \times 2^{n-3} + \cdots + A_2) \times 2 + A_1] \times 2 + A_0.$$

令 $A_n \times 2^{n-1} + A_{n-1} \times 2^{n-2} + \cdots + A_1 = Q_1$ 为 $S_{(10)} \div 2$ 的商,余数为 A_0.

若 $Q_1 \div 2$ 的商为 $A_n \times 2^{n-2} + A_{n-1} \times 2^{n-3} + \cdots + A_2 = Q_2$,余数为 A_1,以此类推,直到商为 0 为止,得到余数列 $A_n A_{n-1} \cdots A_1 A_0$,即

$$S_{(10)} = A_n A_{n-1} \cdots A_{0(2)}.$$

用表格表示计算过程如下:

除数 2	0	Q_n	$\cdots$	Q_1	$S_{(10)}$	被除数
		A_n	$\cdots$	A_1	A_0	余数

二进制数为 $A_n A_{n-1} \cdots A_1 A_0$.

3.1.4　二进制数的运算

二进制数的运算法则如下.

加法:　　$0+1=1$,　　$1+0=1$,　　$1+1=10$,　　$0+0=0$.

减法:　　$10-1=1$,　　$1-0=1$,　　$1-1=0$,　　$0-0=0$.

乘法:　　$1 \times 0 = 0$,　　$0 \times 1 = 0$,　　$1 \times 1 = 1$,　　$0 \times 0 = 0$.

例 1　计算 $1101+1110, 111011+11111.$

解　因为

$$
\begin{array}{r}
1101\\
+\ 1110\\
\hline
11011
\end{array}
\qquad
\begin{array}{r}
111011\\
+\ 11111\\
\hline
1011010
\end{array}
$$

所以　　　　$1101+1110=11011$,　　　$111011+11111=1011010$.

例 2　计算 $11010-10101,10100-1011$.

解　因为

$$
\begin{array}{r}
11010\\
-\ 10101\\
\hline
101
\end{array}
\qquad
\begin{array}{r}
10100\\
-\ 1011\\
\hline
1001
\end{array}
$$

所以　　　　$11010-10101=101$,　　　$10100-1011=1001$.

例 3　计算 1101×101.

解　因为

$$
\begin{array}{r}
1101\\
\times\ \ \ 101\\
\hline
1101\\
0000\\
+\ 1101\ \ \ \\
\hline
1000001
\end{array}
$$

所以　　　　　　　　　　$1101\times101=1000001$.

例 4　计算 $1000001\div101$.

解　因为

$$
\begin{array}{r}
1101\\
101\overline{)1000001}\\
\underline{101\ \ \ \ \ \ }\\
110\\
\underline{101}\\
101\\
\underline{101}\\
0
\end{array}
$$

所以　　　　　　　　　　$1000001\div101=1101$.

3.2　二进制应用举例

二进制数在计算机中广为应用,这里仅介绍两种有趣的应用.

3.2.1　猜年龄

猜年龄规则是:给出下面 5 种数表.

用它们可猜小于 31 岁的年龄,其方法是:拿出表(1)时,若你的年龄在上面时就说"有",否则就说"无",再拿出表(2)时,先说出"有"或"无".这样一直拿出表(5),类似前面说"有"或"无",便可猜到你的年龄了.

1	3	5	7
9	11	13	15
17	19	21	23
25	27	29	31

（1）

2	3	6	7
10	11	14	15
18	19	21	23
26	27	30	31

（2）

4	5	6	7
12	13	14	15
20	21	22	23
28	29	30	31

（3）

8	9	10	11
12	13	14	15
24	25	26	27
28	29	30	31

（4）

16	17	18	19
20	21	22	23
24	25	26	27
28	29	30	31

（5）

例1　某人告诉我：表（1）、（2）"无"，表（3）、（4）、（5）"有"，我可立即猜出你的年龄是 28 岁，即 $16+8+4=28$.

这种方法的道理是什么呢？

首先看看上述 5 种表的特征：若把表中的数化为二进制数，则表（1）中的二进制数的第一位上的数字都是1；表（2）中的二进制数的第二位上的数字都是1，即"10"，表（3）中二进制数的第三位上的数字都是1，即"100"；表（4）中二进制数的第四位上的数字都是1，即"1000"；表（5）中二进制数的第五位上的数字都是1，即"10000".

其次，当你说"有"或"无"时，就是告诉我五位数的二进制数的每个数位上的数是"1"还是"0"，即告诉我你的年龄二进制数是多少了.

例2　当你说表（5）中"有"即"10000"，表（3）中"有"，即"100"，表（1）中"有"，即"1"，其余表中"无"，即年龄数是 $10101_{(2)} = 16+4+1 = 21_{(10)}$.

仿上猜年龄的原理，可编选一种猜扑克牌游戏.

方法是从扑克中，选 15 张不同的扑克牌，即 1，2，3，4，5，6，7，8，9，10，11，12，13，14（小王）、15（大王），每次给出 8 张，如下表：

①	1	3	5	7	9	11	13	15
②	2	3	6	7	10	11	14	15
③	4	5	6	7	12	13	14	15
④	8	9	10	11	12	13	14	15

其猜法与猜年龄相同，即知你想的扑克牌是哪一张了，你试玩一下吧！

　　　　（1）若要猜年龄在 55 岁以下时，你能编造一套猜年龄的表来吗？

　　（2）你能将上述扑克牌游戏再变一下创出一种新的玩法吗？

3.2.2 圆形与数互换

我们在实践中,常常根据客观需要将一个图形数字化;反过来,把数字图形化,即把一种图形转化为一组二进制数或一组十进制数;反过来,把一组数转换成一个图形,以利于实际应用.图形与数转换的应用很多.下面举例说明.

例1 若给你一个方块图形,如图 1-31 所示,你看完后能很快记住吗? 如果图形较复杂呢?

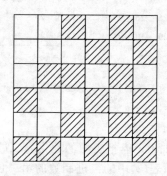

图 1-31

若将图 1-31 数字化,用记数组的方法也许容易记住这个图形.

数字化的方法是:用 1 记▨(黑小方块),用 0 记▢(白小方块),按图 1-31 转化为二进制数组,若再将二进制数组化成十进制数组,这样只要记住数组,就记住图形了.

图 1-31 转化成数组过程如下:

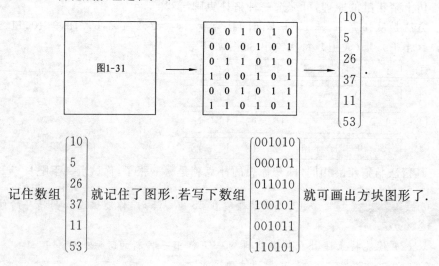

例 2　若给你一组数 $\begin{pmatrix}1\\2\\5\\7\\6\\8\end{pmatrix}$，可用方块图形表示出来.

解

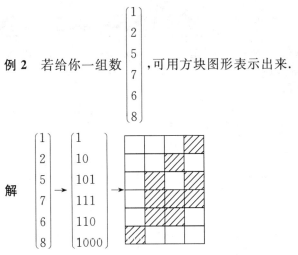

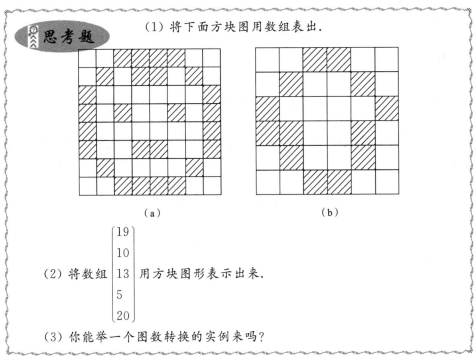

（1）将下面方块图用数组表出.

（a）　　　　（b）

（2）将数组 $\begin{pmatrix}19\\10\\13\\5\\20\end{pmatrix}$ 用方块图形表示出来.

（3）你能举一个图数转换的实例来吗？

3.3　八进制数简介

3.1 节中介绍了十进制数和二进制数及其转换，它具有普遍意义.下面以八进制数为例来说明它，以便举一反三，获得更多的进位制知识.

什么叫八进制数呢?

八进制数是以 $0,1,2,3,4,5,6,7$ 这八个数字和数位来表示的数,称为**八进制数**,记为 $N_{(8)}$,如 $1027_{(8)}$.数位间的关系为"逢八进一"和"退一当八",八进制数的运算与十进制数的运算类同,现举例如下.

例1 $1027_{(8)}+76_{(8)}=1125_{(8)}$.

解 竖式:
$$
\begin{array}{r}
1027\\
+\ \ \ \ 76\\
\hline
1125
\end{array}
$$

例2 $3205_{(8)}+4775_{(8)}=10202_{(8)}$.

解 竖式:
$$
\begin{array}{r}
3205\\
+\ 4775\\
\hline
10202
\end{array}
$$

例3 $3105_{(8)}-2116_{(8)}=767_{(8)}$.

解 竖式:
$$
\begin{array}{r}
3105\\
-\ 2116\\
\hline
767
\end{array}
$$

任何八进制数 $S_{(8)}$ 可表示成 8 的幂之和.

因为八进制数位间的关系为"逢八进一",即从左到右数位:第一位上数字"1",即"8^0";第二位上数字"1",即"10"为 8^1;第三位上数字"1",即"100"为"8^2";等等.列表如下:

八进制数	十进制数
1	$1=8^0$
10	$8=8^1$
100	$64=8^2$
1000	$512=8^3$
10000	$4096=8^4$
⋮	⋮

例4 $1427_{(8)}=1\times1000_{(8)}+4\times100_{(8)}+2\times10_{(8)}+7$

$=1\times8^3+4\times8^2+2\times8^1+7\times8^0$.

一般地,有

$$S_{(8)}=A_n\times8^n+A_{n-1}\times8^{n-1}+\cdots+A_2\times8^2+A_1\times8+A_0\times8^0, \qquad (*)$$

其中,$A_n,A_{n-1},\cdots,A_2,A_1,A_0$ 为数字 $0,1,2,3,4,5,6,7$ 中的一个.

八进制数与十进制数可根据公式（＊）相互转换. 这里仅举例说明.

例 5　化八进制数 $1235_{(8)}$ 为十进制数.

解　根据公式（＊），有

$$1235_{(8)} = 1 \times 1000_{(8)} + 2 \times 100_{(8)} + 3 \times 10_{(8)} + 5$$
$$= 1 \times 8^3 + 2 \times 8^2 + 3 \times 8 + 5$$
$$= 1 \times 512 + 2 \times 64 + 24 + 5$$
$$= 669_{(10)}.$$

例 6　化八进制数 $1007_{(8)}$ 为十进制数.

解　根据公式（＊），有

$$1007_{(8)} = 1000_{(8)} + 7 = 8^3 + 7 = 519_{(10)}.$$

例 7　化十进制数 $125_{(10)}$ 为八进制数.

解　用连除求余数法来求八进制数.

$125_{(10)}$ 除以 8，商为 15，余数为 5，再用 8 除 15 得商为 1，余数为 7，再次用 8 除以 1，得商为 0，余数为 1. 用表格式表示如下：

除数 8	0		1	15	125	被除数
			1	7	5	余数

所以 $125_{(10)} = 175_{(8)}$.

> **注**　八进制数与二进制数相比，数位较少，而二进制数易用于计算机. $125_{(8)} = 1111101_{(2)}$.

例 8　化十进制数 $534_{(10)}$ 为八进制数.

解　因为

除数 8	0		1	8	66	534	被除数
			1	0	2	6	余数

所以 $534_{(10)} = 1026_{(8)}$.

（1）化十进制数 $594_{(10)}$ 为八进制数.

（2）化十进制数 $594_{(10)}$ 为二进制数.

（3）化八进制数 $594_{(8)}$ 为十进制数.

最后介绍一下二进制数与八进制数的相互转化，其转化方法有两种，一种是间接转化法，即把二进制数转化为十进制数，再把十进制数转化为八进制数；反之将八进制数转化为十进制数，再把十进制数转化为二进制数. 我们不再介绍例子，读者自己练习,下面介绍第二种方法:直接转化法.

二进制数、八进制数、十进制数和十六进制数之间的关系如下:

二进制数	八进制数	十进制数	十六进制数
0000	00	0	0
0001	01	1	1
0010	02	2	2
0011	03	3	3
0100	04	4	4
0101	05	5	5
0110	06	6	6
0111	07	7	7
1000	10	8	8
1001	11	9	9
1010	12	10	A
1011	13	11	B
1100	14	12	C
1101	15	13	D
1110	16	14	E
1111	17	15	F
10000	20	16	10
⋮	⋮	⋮	⋮

注 十六进制数中,为记数方便,将数字 10,11,12,13,14,15 用字母 A,B,C,D,E,F 表示,如 8A2 即为 8(10)2 三位数.

根据上面关系可直接将二进制数与八进制数相互转化,下面举例说明.

例 9 化二进制数 $1101101_{(2)}$ 为八进制数.

解 将二进制数进行三位数分组,即得
$$1101101_{(2)} = 1 \vdots 101 \vdots 101_{(2)} = 155_{(8)},$$
亦即 $1101101_{(2)} = 155_{(8)}$.

例 10 化二进制数 $0.1100011_{(2)}$ 为八进制数.

解 将二进制数从小数点后起每三位分为一组,即得
$$0.1100011_{(2)} = 0.110 \vdots 001 \vdots 1_{(2)} = 0.611_{(8)},$$
亦即 $0.1100011_{(2)} = 0.611_{(8)}$.

例 11 　化八进制数 $24731_{(8)}$ 为二进制数.

解 　将八进制数中的数字用三位一组的二进制数表出,即为所求的二进制数,亦即

$$24731_{(8)} = 010 \vdots 100 \vdots 111 \vdots 011 \vdots 001_{(2)} = 10100111011001_{(2)}.$$

（1）化二进制数 $10101100111_{(2)}$ 为八进制数.

（2）化八进制数 $137621_{(8)}$ 为二进制数.

（3）思考十六进制数的定义方法及转换问题.

第4章

数 列

我们在前面讲到自然数列、奇数数列和偶数数列：

$$1,2,3,4,5,\cdots;$$
$$1,3,5,7,9,\cdots;$$
$$2,4,6,8,10,\cdots.$$

日常生活中遇到的数列还很多，这里再举数例.

例1 木材场、建筑工地常见到木材和水管的堆积，如图 1-32(a)、(b)所示.

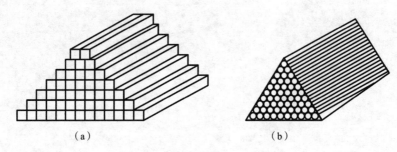

(a)　　　　　　　　　　(b)

图 1-32

从上到下各层木材数列为

$$2,3,5,7,9,11,13. \tag{1}$$

从上到下各层水管数列为

$$1,2,3,4,5,6,7,8,9,10. \tag{2}$$

例2 有一幢 24 层的大厦，每层有相同的房型 12 套，列出如下：

$$12,12,12,12,12,12,12,\cdots,12,12. \tag{3}$$

例3 某班有 30 个学生，一天老师统计他们上学时身上的零用钱数，按学生自报的先后次序列出如下（单位：元）：

$$5,3,4,2,0,1,1,1,1,0.5,0.5,0.5,0,2,3,1,1,\cdots,1. \tag{4}$$

例4 某工厂 2001 年的产值为 50 万元，从该年起每年产值增加 20%，问每年的产值是多少？

因为 2001 年的产值为 50 万元，第二年产值为 $50\times(1+20\%)$ 万元 $=50\times1.2$ 万元，第三年产值为 $(50\times1.2)\times1.2$ 万元 $=50\times1.2^2$ 万元，等等，所以 2011 年后

的产值如下数列:
$$50,50\times1.2,50\times1.2^2,50\times1.2^3,50\times1.2^4,\cdots. \qquad (5)$$

例 5　有一种细菌繁殖很快,在试验中发现,20 分钟就分裂一次,即一个变成 2 个,经过 20 分钟,2 个变成 4 个,再经过 20 分钟就分裂为 8 个,以此类推,分裂个数依次为
$$1,2,2^2,2^3,2^4,2^5,2^6,2^7,2^8,2^9,\cdots. \qquad (6)$$

上面例中列举出的各列数都是数列.

一般地说,按某次序排出的一列数,我们称它为<u>数列</u>.数列中的每个数,称为数列的<u>项</u>.

数列的一般形式为
$$a_1,a_2,a_3,\cdots,a_n,\cdots, \qquad (7)$$
其中,a_1 为首项,a_n 称为第 n 项或称为<u>通项</u>.

例如数列(6)中,$a_1=1,a_2=2,a_3=2^2,a_4=2^3,\cdots$,通项为 $a_n=2^{n-1}$.

如果数列中项数是有限个时,称它为<u>有限数列</u>,如数列(1)、(2)、(3)、(4)为有限数列.

如果数列中项数不是有限个时,称它为<u>无限数列</u>,如自然数列、奇数列、偶数列,以及数列(5)、(6)都是无限数列.

下面仅介绍两类数列:等差数列和等比数列.

 　　　　请你再列举一些数列.

4.1　等差数列及应用

4.1.1　等差数列通项公式

例 1　数列
$$2,5,8,11,14,17,20,\cdots$$
中,第二项比第一项大 3,第三项比第二项大 3,$\cdots$,也就是
$$5-2=8-5=11-8=14-11=17-14=\cdots=3,$$
即
$$2+3=5,\quad 5+3=8,\quad 8+3=11,\quad 11+3=14,\quad 14+3=17,\quad 17+3=20,\cdots,$$
称此数列为<u>等差数列</u>.

例 2 数列

$$20,16,12,8,4,0,-4,-8,-12,\cdots$$

中,因为

$$16-20=12-16=8-12=4-8=0-4=-4-0=-8-(-4)=\cdots=-4,$$

即数列后一项减前一项的差相等,且为常数,我们称它为 <u>等差数列</u>.

一般地,若数列

$$a_1,a_2,a_3,a_4,\cdots,a_n,\cdots$$

中,当 $a_2-a_1=a_3-a_2=a_4-a_3=\cdots=d$($d$ 为常数)时,我们称该数列为 <u>等差数列</u>,其中 a_1 为首项,a_n 称为通项,d 称为公差.

根据等差数列首项 a_1,公差 d,有

$$a_2=a_1+d,\quad a_3=a_1+2d,\quad a_4=a_1+3d,\quad a_5=a_1+4d,\cdots$$

可推第 n 项为

$$a_n=a_1+(n-1)d,$$

称它为等差数列的通项公式.

数列 $1,2,3,4,5,6,7,8,9,10$ 是等差数列,因为

$$2-1=3-2=4-3=5-4=6-5=\cdots=10-9=1.$$

数列 $2,3,5,7,9,11,13$ 不是等差数列,因为

$$3-2=1\neq5-3=7-5=9-7=11-9=13-11=2.$$

数列 $12,12,12,\cdots,12,12$ 是等差数列,因为 $12-12=0$,是一种特殊的等差数列.

例 3 数列 $5,3,1,-1,-3,-5,-7\cdots$,公差 $d=-2$,求 a_9,a_{20},a_{100}.

解 因为 $a_1=5,d=-2$,根据通项公式 $a_n=a_1+(n-1)d$,得

$$a_9=5+(9-1)\times(-2)=5-16=-11,$$

$$a_{20}=5+(20-1)\times(-2)=5-38=-33,$$

$$a_{100}=5+(100-1)\times(-2)=5-198=-193.$$

思考题

(1) 奇数列的公差是多少? a_{35},a_{100} 是什么数?

(2) 若数列为 $1,1.5,2,2.5,3,3.5,4,4.5,\cdots$,求公差 d 和 a_{98}.

(3) 若数列为 $0,-2,-4,-6,-8,-10,\cdots$,公差是多少?第 50 项是何数?

例 4 在等差数列 $3,6,9,12,15,18,\cdots$ 中,第 11 项是何数?数 $57,303,366$ 是该数列中的项吗?

解 依题意知,$a_1=3$,$d=3$,根据通项公式,当 $n=11$ 时,

$$a_{11}=3+(11-1)\times3=33.$$

若 $57,303,366$ 为等差数列的项时,有

$$57=3+(n-1)\times3,\quad (n-1)\times3=57-3=54,$$

可得

$$n-1=18,\quad n=19.$$

同样有

$$303=3+(n-1)\times3,\quad (n-1)\times3=300,\quad n-1=100,\quad n=101.$$

$$366=3+(n-1)\times3,\quad (n-1)\times3=363,\quad n-1=121,\quad n=122.$$

因此,$57,303,366$ 是数列中的项.

例5 有一小朋友列队,首先顺序报数报到小明时喊数为 29,老师叫报停,但在逆序报数时,报到小明时喊数为 39,老师叫报停,老师说有 3 人因病未到,问该队共有多少小朋友?

解 该题可直接算出,这里用等差数列通项公式来计算.若以小明报数 29 为首项,即 $a_1=29$,公差 $d=1$,a_{39} 就是列队的实到人数,即

$$a_{39}=29+(39-1)\times1=67(人).$$

思考题

(1) 在数列 $0,4,8,12,16,20,24,\cdots$ 中,456 是该数列中的项吗?

(2) 在数列 $-2,-4,-6,-8,-10,\cdots$ 中,-226 是该数列的第几项?

(3) 数列 $2,5,8,11,14,17,20,23,26,29$ 是等差数列吗?为什么?

(4) 数列 $29,26,23,20,17,14,11,8,5,2$ 的公差是多少?

(5) 若有等差数列 $5,7,9,11,$ ⬚ $,111$,方框中有多少项?

4.1.2 前 n 项和

从前,在法国的一个乡村小学里,低年级教室有一个年仅 6 岁的小孩叫高斯,上课时正和大家一起讲话,此时,数学教师在黑板上写了一道数学题让学生们计算:

$$1+2+3+\cdots+100=?$$

这时,教室十分安静,许多学生这样算:

$$1+2=3,\quad 3+3=6,\quad 6+4=10,\quad \cdots.$$

而高斯没计算,而是呆呆地望着算术题思考着,过了一会,他举手望着老师说:"我算出来了."而其他小朋友正坚持地算着,老师问:"是多少?""5050."大家惊奇地

问:"怎么算得这么快呀?"老师说:"很好!"高斯是这样思考的:

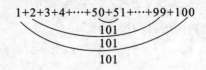

即 50 个 101,101×50＝5050.

也可以这样计算:设

$$S_{100}＝1＋2＋3\cdots＋100,$$
$$S_{100}＝100＋99＋98＋\cdots＋1,$$
$$2S_{100}＝101＋101＋\cdots＋101＝101×100,$$

所以

$$S_{100}＝101×100÷2＝5050.$$

高斯的这种算法具有普遍性,如计算

$$1＋3＋5＋\cdots＋199＋201,$$

仿上,设

$$S_n＝1＋3＋5＋\cdots＋197＋199＋201,$$
$$S_n＝201＋199＋197＋\cdots＋5＋3＋1,$$

则

$$2S_n＝(1＋201)＋(3＋199)＋\cdots＋(199＋3)＋(201＋1)$$
$$＝(1＋201)×101,$$

故

$$S_n＝(1＋201)×101÷2＝10201.$$

一般地,若数列 $a_1,a_2,\cdots,a_n,\cdots$ 为等差数列,公差为 d,仿上面方法可直接推得

$$S_n＝a_1＋a_2＋\cdots＋a_n＝\frac{(a_1＋a_n)n}{2},$$

称它为等差数列前 n 项和公式.

证明

设

$$S_n＝a_1＋a_2＋\cdots＋a_n＝a_1＋(a_1＋d)＋(a_1＋2d)＋\cdots＋[a_1＋(n-1)d],$$

又

$$S_n＝a_n＋a_{n-1}＋\cdots＋a_2＋a_1＝a_n＋(a_n-d)＋(a_n-2d)＋\cdots＋[a_n＋(n-1)d],$$

因此

$$2S_n＝(a_1＋a_n)＋(a_1＋a_n)＋(a_1＋a_n)＋\cdots＋(a_1＋a_n)＝(a_1＋a_n)n,$$

所以

$$S_n＝\frac{(a_1＋a_n)n}{2}.$$

4.1.3 等差数列应用举例

例1 有一物体从空中落下,第一秒下落 10 m,以后每秒钟都比前一秒钟多下

落 9.8 m,问第 6 秒和第 9 秒下落多少?

解　因第一秒下落 10 m,第二秒下落 19.8 m,故该数列是 $a_1 = 10$,公差 $d = 9.8$ 的等差数列.根据等差数列的通项公式可得

$$a_6 = 10 + 5 \times 9.8 = 59 \text{(m)}, \quad a_9 = 10 + 8 \times 9.8 = 88.4 \text{(m)}.$$

例 2　有一个小朋友,第一天熟记 3 个英语单词,以后每天比前一天多熟记 3 个英语单词,问一个月(30 天)他共记了多少个英语单词?

解　因从第一天开始他每天熟记英语单词数列为

$$3, 6, 9, 12, \cdots.$$

该数列是一个等差数列,公差为 $3, a_1 = 3$,故

$$a_{30} = a_1 + (n-1)d = 3 + 29 \times 3 = 90.$$

所以,30 天他共熟记英文单词数为

$$S_n = \frac{(3+90) \times 30}{2} = 1395 \text{(个)}.$$

例 3　某地有水泥电线杆 30 根,将它们用一辆汽车运输到 1000 m 的路旁开始安装,在 1000 m 处放一根,以后每隔 50 m 放一根,而汽车每次只能运输 3 根,运到后再返回,然后再运送.问该车完成此任务共行驶了多少公里?

解　如图 1-33 所示,30 根电线杆需运送 10 次.

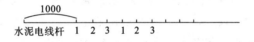

图 1-33

第一次行程(往返)

$$a_1 = (1000 + 50 + 50) \times 2 = 2200,$$

第二次行程(往返)

$$a_2 = [(1000 + 50 + 50) + 150] \times 2 = 2200 + 300 = a_1 + 300,$$

第三次行程(往返)

$$a_3 = (2200 + 300) + 150 \times 2 = a_2 + 300.$$

所以,汽车运送往返行程数列 $a_1, a_2, \cdots, a_{10}$ 是等差数列,公差 $d = 300, a_1 = 2200$,次数 $n = 10, a_{10} = a_1 + (n-1)d = 2200 + 9 \times 300 = 4900$.

该车在完成任务中共行驶了

$$S_{10} = \frac{(2200 + 4900) \times 10}{2} = 35500 \text{(m)},$$

即汽车行驶了 35.5 公里.

例 4　找规律填数,已知下面数组序列:

$$(1, 5, 4), (3, 6, 3), (5, 7, 2), (7, 8, 1), (9, 9, 0),$$

$(11,10,-1),($ 　　　　　$),($ 　　　　　$),\cdots.$

请填写括号内的数组.

解　数组中第一位数组成的数列 $1,3,5,7,9,11,\cdots$ 是等差数列,公差为 2;数组中第二位数组成的数列 $5,6,7,8,9,10,\cdots$ 是等差数列,公差为 1;数组中第三位数是第二位数与第一位数的差,即 $4,3,2,1,0,-1,\cdots$ 为等差数列,公差为 -1,因此,第七、八个数组为 $(13,11,-2),(15,12,-3).$

 思考题

(1) 若等差数列的首项 $a_1=120,a_{17}=100$,求公差 d.

(2) 有一批木材,最上层有 5 根,底层有 30 根,各层的木材数为等差数列,公差 $d=1$,求这堆木材有多少根.

(3) 求等差数列 $1,4,7,10,13,\cdots,151$ 中各项和是多少?

(4) 找规律填空.

23	24	20	24	17	24	14	24			$\cdots$

(5) 找规律填写括号内的数组:

$(2,5,3),(4,8,4),(6,11,5),(8,14,6),(10,17,7),$
$(12,20,8),($ 　　　　　$),($ 　　　　　$),\cdots.$

(6) 某人需打一口 34 m 深的水井,若打第一个 1 m 深需 30 min,打第二个 1 m 深需 40 min,以后每打 1 m 深都比前 1 m 深要多花 10 min,问打最后 1 m 深要花多少时间? 打这口井总共花了多少时间才完工?

(7) 已知自然数列 $120,112,104,96,88,\cdots$,写出它的后三项.

(8) 根据规律填数.

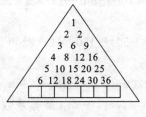

(a)

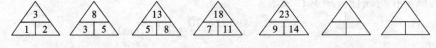

(b)

4.2　等比数列及应用

4.2.1　等比数列通项公式

等比数列在日常生活中也常碰到,如数列:

$$50,\quad 50\times1.2,\quad 50\times1.2^2,\quad 50\times1.2^3,\quad \cdots \tag{1}$$

和

$$1,\quad 2,\quad 2^2,\quad 2^3,\quad 2^4,\quad \cdots \tag{2}$$

是等比数列.

例 1　今有一尺长木棒,日取其半,剩余长为半,即一尺木棒,第一天取走一半$(\frac{1}{2})$,剩余一半$(\frac{1}{2})$,第二天又取一半$(\frac{1}{2}$的一半$)$,剩余一半$(\frac{1}{2}$的$\frac{1}{2}$就是$\frac{1}{4})$,$\cdots$,余下部分长度的序列为:

$$\frac{1}{2},\frac{1}{4},\frac{1}{8},\frac{1}{16},\frac{1}{32},\cdots. \tag{3}$$

该数列也是等比数列.

这类数列与等差数列的不同之处是:数列中从第二项起每一项是前一项的倍数,而且倍数相同,即后一项与前一项的比(商)都相等,例如:

数列(1)　$\dfrac{50\times1.2}{50}=\dfrac{50\times1.2^2}{50\times1.2}=\dfrac{50\times1.2^3}{50\times1.2^2}=\cdots=1.2$;

数列(2)　$\dfrac{2}{1}=\dfrac{2^2}{2}=\dfrac{2^3}{2^2}=\dfrac{2^4}{2^3}=\cdots=2$;

数列(3)　$\dfrac{1/4}{1/2}=\dfrac{1/8}{1/4}=\dfrac{1/16}{1/8}=\dfrac{1/32}{1/16}=\cdots=\dfrac{1}{2}$.

称此比值(商)为等比数列的公比.数列(1)的公比为1.2,数列(2)的公比为2,数列(3)的公比为$\frac{1}{2}$.

一般地,设数列

$$a_1,a_2,a_3,a_4,\cdots,a_n,\cdots \tag{4}$$

为等比数列,那么第二项起,每一项与前一项的比都等于一个常数 q,即

$$\frac{a_2}{a_1}=\frac{a_3}{a_2}=\frac{a_4}{a_3}=\cdots=q.$$

我们称数列(4)为等比数列,q 称为等比数列的公比.

显然　　　　　$a_2=a_1q,\quad a_3=a_2q,\quad a_4=a_3q,\quad \cdots,$

即　　　$a_2=a_1q,\quad a_3=a_1q\cdot q=a_1q^2,\quad a_4=a_3q=a_1q^2\cdot q=a_1q^3,\quad \cdots.$

由此,可推得

$$a_n = a_1 q^{n-1}, \quad n = 2, 3, 4, \cdots$$

我们称上述公式为<u>等比数列的通项公式</u>.

等比数列的变化特征与公比 q 相关,若 $|q| > 1$ 时, $|a_n|$ 的值随 n 增大而迅速增大,如数列(1)、(2).若 $|q| < 1$ 时, $|a_n|$ 的值随 n 增大而迅速变小,而趋向 0.若 $|q| = 1$ 时, $|a_n|$ 的值不变.

阅读材料:【国王的棋盘】

很久以前在印度有一个叫塞萨的人精心设计了一个游戏献给国王,就是现在的国际象棋.国王对这种游戏非常满意,决定赏赐塞萨,国王说:"你要什么尽管说,我都可满足你的要求."他向国王深深地鞠了一个躬说:"国王陛下恩情无边,请允许我考虑一天,明天向陛下提出要求."

第二天一早,塞萨来到王宫,向国王提出要求说:"我想要几颗麦子.""什么?几粒普通的麦子!"国王不相信自己的耳朵."是的,陛下,我要求是这样的:我的棋盘上一共有64格,第一格给我1粒麦子,第二格给我2粒麦子,第三格给我4粒麦子,第4格给我8粒麦子,第5格给我16粒麦子……"国王听了很不高兴,不等塞萨说完便打断他的话,立即说:"好啦!"不耐烦地对塞萨说:"不就是第6格给32粒麦子,一直到64格吗?""是的,陛下.""我是国王,什么都有,你作为一个学者应提更高的要求,这个要求简直是看不起我这个国王,好了,在门口等着吧!我叫仆人马上把麦子背来给你."塞萨退下后,国王叫大臣们来算一下,算了一天一夜,才算出结果,大臣向国王报告说:"塞萨要的麦子是18446744073709551615粒,但是……"大臣吞吞吐吐的."但是什么?"国王不高兴地问."但是即使全国的所有粮仓的麦子都给他,还不够呀!""会有这么多吗?"国王有点儿不大相信.

后来,国王才明白,塞萨要的是国王放弃战争,发展生产,改善人民生活.

例 2　若有 3 个细菌,每 20 分钟每个细菌分裂成两个,每次分裂的细菌数目是一个等比数列,即

$$3, \quad 3 \times 2, \quad 3 \times 2^2, \quad 3 \times 2^3, \quad \cdots.$$

问 4 个小时后细菌的数目是多少.

解　因一小时分裂 3 次,4 个小时分裂 12 次,设 4 个小时后细菌的数目为 a_{12},根据等比数列通项公式 $a_n = a_1 q^{n-1}$,由 $a_1 = 3, q = 2$ 得

$$a_{12} = 3 \times 2^{11} = 6144(个),$$

所以 4 个小时后,分裂的细菌数目有 6144 个.

 例 2 中,若细菌经过一天的分裂后,细菌数目有多少呢?

4.2.2　等比数列前 n 项和公式及无穷项和

首先看一个例子.

例 1　小玲同学每周向她的存钱罐中存一次钱,第一次存 3 角钱,第二次存 6 角钱,每次存的钱数是上次钱数的 2 倍.问 20 周时她共存了多少钱?

解　因为每次存入罐中的钱数的数列是等比数列,公比 $q=2$,即

$$3,\quad 3\times2,\quad 3\times2^2,\quad 3\times2^3,\quad 3\times2^4,\quad \cdots,\quad 3\times2^{19}.$$

设 20 周时共存入罐中的钱数为 S_{20},得

$$S_{20}=3+3\times2+3\times2^2+3\times2^3+3\times2^4+\cdots+3\times2^{19}, \tag{1}$$

$$2S_{20}=3\times2+3\times2^2+3\times2^3+\cdots+3\times2^{19}+3\times2^{20}, \tag{2}$$

由式(2)－式(1)得

$$S_{20}=3\times2^{20}-3=3145725.$$

因此,20 周时共存入罐中 314572.5 元.

一般地,若数列

$$a_1,a_2,a_3,\cdots,a_n,\cdots$$

为等比数列,且公比 q 为常数,当 $q\neq1$ 时,仿上例可求前 n 项和 S_n,即

$$S_n=a_1+a_2+\cdots+a_n=\frac{a_1-a_1q^n}{1-q},\quad q\neq1.$$

我们称

$$S_n=\frac{a_1-a_1q^n}{1-q},\quad q\neq1.$$

为等比数列的前 n 项和公式.

显然,当 $q=1$ 时,$S_n=na_1$.

> **注**　若 $q=1$ 时,$S_n=a_1+a_2+\cdots+a_n=na_1$.
>
> 若 $q\neq1$ 时,
>
> $$S_n=a_1+a_2+\cdots+a_n=a_1+a_1q+a_1q^2+\cdots+a_1q^{n-2}+a_1q^{n-1}, \tag{3}$$
>
> $$qS_n=q(a_1+a_2+\cdots+a_n)=a_1q+a_1q^2+\cdots+a_1q^{n-1}+a_1q^n. \tag{4}$$
>
> 由式(3)－式(4)得
>
> $$S_n-qS_n=a_1-a_1q^n,$$
>
> $$(1-q)S_n=a_1-a_1q^n,$$
>
> 因 $q\neq1$,故 $S_n=\frac{a_1-a_1q^n}{1-q}.$

特别地,若等比数列

$$a_1,\quad a_2,\quad \cdots,\quad a_n,\cdots$$

的公比 q 的绝对值 $|q|<1$ 时,等比数列无穷项的和 S 可求,且等于 $\dfrac{a_1}{1-q}$,即

$$S=a_1+a_2+\cdots+a_n+\cdots=\dfrac{a_1}{1-q}, \quad |q|<1,$$

称上述公式为等比数列的无穷项和公式.

公式的推导并不难,只要学了极限理论后,读者可自己证明.

※　　　　　　※　　　　　　※

关于数列的种类很多,等差数列与等比数列是一些常见的、用得较多的一类数列,还有一类数列,如 $1^k,2^k,3^k,\cdots,n^k,\cdots$,求其前 n 项和,作者曾在 20 世纪 60 年代做了一些研究,获得了一定成果.最后,还介绍一个著名的数列:

$$1,1,2,3,5,8,13,21,34,55,89,144,\cdots.$$

该数列称为斐波那契数列.其特征为:从第三项起每项等于前两项的和,即

$$a_n=a_{n-1}+a_{n-2}, \quad n\geqslant 3.$$

该数列在优化方法中常有应用.

4.2.3　等比数列应用举例

例 1　某工厂开办时年产值 10 万元,计划每年产值比上年产值增加 20%,问第 10 年该厂产值达到多少? 10 年后该厂总产值是多少?

解　设该厂每年产值依次为

$$a_1, \quad a_2, \quad a_3, \quad \cdots, \quad a_{10}.$$

依计划,　　　　　　　　　$a_1=10, \quad a_2=a_1\times 120\%,$

$$a_3=a_1(120\%)^2, \quad \cdots, \quad a_{10}=a_1(120\%)^9$$

为等比数列,$q=1.2$.所以,

$$a_{10}=a_1\times(1.2)^9=10\times 1.2^9=51.6,$$

即第 10 年该厂产值是 51.6 万元.

10 年后该厂总产值

$$S_{10}=a_1+a_2+\cdots+a_{10}.$$

根据前 n 项和公式,得

$$S_{10}=\dfrac{a_1-a_1q^{10}}{1-q}=\dfrac{10-61.92}{1-1.2}=\dfrac{51.92}{0.2}=259.6,$$

即 10 年后该厂总产值为 259.6 万元.

例 2　化循环小数 $0.\overset{\cdot}{2}\overset{\cdot}{3}$ 为分数.

解　因为

$$0.\overset{\cdot}{2}\overset{\cdot}{3}=0.232323\cdots=0.23+0.0023+0.000023+\cdots$$

是等比数列

$$0.23,\quad 0.0023,\quad 0.000023,\quad \cdots$$

的无穷项之和. 等比数列的首项 $a_1=0.23$, 公比

$$q=\frac{0.0023}{0.23}=\frac{0.000023}{0.0023}=\cdots=0.01.$$

根据等比数列的无穷项和公式

$$S=\frac{a_1}{1-q},$$

可得

$$0.\overset{\cdot}{2}\overset{\cdot}{3}=0.23+0.0023+0.000023+\cdots=\frac{0.23}{1-0.01}=\frac{0.23}{0.99}=\frac{23}{99}.$$

例 3　化循环小数 $2.3\overset{\cdot}{7}$ 为分数.

解　因为

$$2.3\overset{\cdot}{7}=2.3+0.07+0.007+0.0007+\cdots,$$

显然, $0.07+0.007+0.0007+\cdots$ 是等比数列

$$0.07,\quad 0.007,\quad 0.0007,\cdots$$

的无穷项之和. 等比数列的首项 $a_1=0.07$, 公比

$$q=\frac{0.007}{0.07}=\frac{0.0007}{0.007}=\cdots=0.1.$$

根据等比数列的无穷项和公式

$$S=\frac{a_1}{1-q},$$

可得　　$0.0\overset{\cdot}{7}=0.07+0.007+0.0007+\cdots=\dfrac{0.07}{1-0.1}=\dfrac{0.07}{0.9}=\dfrac{7}{90},$

所以　　$2.3\overset{\cdot}{7}=2+0.3+0.0\overset{\cdot}{7}=2+\dfrac{3}{10}+\dfrac{7}{90}=2\dfrac{34}{90}.$

思考题

(1) 求以下数列的和:

① $6,3,0,-3,-6,-9,-12,\cdots$;

② $6,3,\dfrac{3}{2},\dfrac{3}{4},\dfrac{3}{8},\dfrac{3}{16},\cdots$.

(2) 化 $0.1\overset{\cdot}{7},0.2\overset{\cdot}{1}\overset{\cdot}{3}$ 为分数.

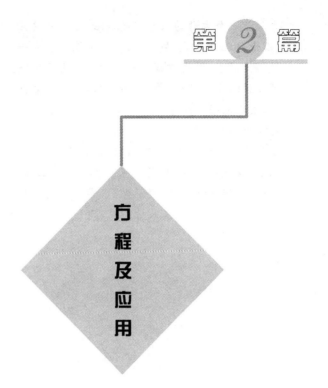

第 2 篇

方程及应用

数学的特征,第一是它的抽象性,第二是精确性,或者更好地说是逻辑的严格性,以及它的结论的确定性,最后是它应用的极端广泛性。

——A. D. 亚历山大洛夫

训练逻辑思考理应是中学最重要的科目。

——丘成桐

方程是一个古老的数学问题,公元 100 年左右,在我国古代数学专著《九章算术》中有专题记载,该书第八章方程中,谈到联立一次方程组的普通解法,它远远早于世界其他国家,说明方程早就被古人应用于实践生活中去了.

解方程的方法很好,易学,用途很广,在计算机不断普及的今天,它仍有用武之地,所以我们应早早地学习它,应用它,让读者早日从算术的解题漩涡中走出来,去学习更有用的数学知识.

方程的内容十分丰富,有圆、椭圆和抛物线方程,它们是简单的曲线方程.方程内容很多,有直线方程、曲线方程、曲面方程、三角方程、微分方程、积分方程,等等.

此外,方程在社会学、经济学、医学等方面都有应用.这里仅介绍一下什么叫方程、一元一次方程、一元二次方程、二元一次方程和方程组及其解法和应用,为进一步学习奠定基础.

第5章

简 易 方 程

5.1 等式及性质

5.1.1 等式

等式是我们在数学中常见到的一种式子. 如 $2+5=7,2\times5=10,24\div3=8$, $1+3+5+7=16$ 等.

用字母表示一个数的等式,在数学中也是常见到的一种式子,其应用也十分广泛.

下面举例说明:

加法交换律,用式子表示为 $a+b=b+a,a,b$ 为任意数;

乘法交换律,用式子表示为 $a\cdot b=b\cdot a,a,b$ 为任意数;

加法结合律,用式子表示为 $(a+b)+c=a+(b+c),a,b,c$ 为任意数;等等.

例 1 圆的周长等于圆的半径乘以 2π,用式子表示为 $C=2\pi r$,其中 C 为圆的周长,r 为圆的半径,π 为圆周率.

例 2 长方形的面积等于长乘以宽,用式子表示为 $A=a\cdot b,A$ 为长方形的面积,长为 a,宽为 b.

例 3 某数 a 除以数 b,其商为 q,余数为 r,用式子表示为

$$a=bq+r, \quad 0\leqslant r<b.$$

例 4 今知数 x 的一半比该数的 4 倍少 21,问数 x 是多少?

数量间的关系用式子表示为

$$\frac{x}{2}+21=4x.$$

例 5 若数 a 与数 b 的和小于数 c,那么三个数之间的关系可用式子表示为: $a+b<c$.

从上面例中可知:例 1 至例 4 中的式子称为等式,例 5 中的式子称为不等式. 一般地,用等号连接相关数量间的关系的式子称为等式,否则,称为不等式.

5.1.2 等式性质

首先,我们来做一个简单试验:

今有三个苹果 A,B,C,设它们的重量分别为 a,b,c,用下面方法比较它们三者之间的关系.

有一个天平如图 2-1 所示,我们从 A,B,C 中任取两个苹果(如 A 和 B、A 和 C)放在天平上,其结果如图 2-2(a)、(b)所示.

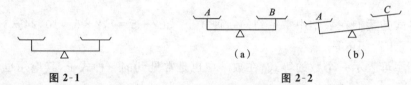

(a)　　　　　(b)

图 2-1　　　　　　　　　　图 2-2

由图 2-2(a)可以看出苹果 A 与苹果 B 重量相等,我们记为 $a=b$.

由图 2-2(b)可以看出苹果 A 比苹果 C 重一些,我们记为 $a>c$.

思考题

(1) 上述实验在生活中,你见过吗? 举例说明.

(2) 苹果 B 与苹果 C 相比,结果是怎样的呢? 用式子表示.

(3) 今有四个苹果 A,B,C,D,其重量分别为 a,b,c,d,又知道苹果 A 和 B 一样重,苹果 C 和 D 一样重,若将苹果 A 和 B 放在天平两端,又将苹果 C 放在天平的一端,苹果 D 放在天平的另一端,问天平是平衡的,还是倾斜的呢? 请读者试验一下.从试验中,可以验证等式有下面性质.

① 等式两边同时加上某数时,等式成立.即若 $a=b$,则 $a+c=b+c,c$ 为任意数.

② 等式两边同时减去某数时,等式成立.即若 $a=b$,则 $a-c=b-c$.

③ 等式两边同时乘以或除以某非零数时,等式仍成立.即若 $a=b,c\neq0$,则 $a\cdot c=b\cdot c,\dfrac{a}{c}=\dfrac{b}{c}$.

④ 若两等式左边两式相加等于等式右边两式相加,即若 $a=b,c=d$,则 $a+c=b+d$.

⑤ 在两式中,第一个等式左边减去第二个等式左边的结果,与第一个等式右边减去第二个等式右边的结果相等,即若 $a=b,c=d$,则 $a-c=b-d$.

你能用试验的方法来说明上述各性质吗?

5.2　简易方程

5.2.1　什么是方程

在上节例题的等式中,除了例 4 的等式

$$\frac{x}{2}+21=4x$$

是方程外,其余等式都不是方程.

一般地,如果在一个等式中,含有未知数(量)x、y 等字母的等式,称为方程.

例如,以下等式都是方程:

(1) $x=35\times 21$;

(2) $3x+5=5x-7$;

(3) $3y-5=3+y$;

(4) $xy-5=x^2+7$;

(5) $\dfrac{2}{3x+1}+3=\dfrac{3}{2x}$;

(6) $2x^2+3x=7-x$;

(7) $3z^2+5z+2=0$;

(8) $7x+2y+5=2-y$;

(9) $3x^2+xy+3y^2=7$.

方程(1)、(2)、(3)中只有一个未知数,且未知数的次数是 1,我们称它们为一元一次方程;方程(6)、(7)中含有一个未知数,而未知数的最高次数为 2,我们称它们为一元二次方程;方程(5)的某项分母中含未知数,称为分式方程;方程(8)中含两个未知数且最高次数为 1,称它为二元一次方程;方程(4)、(9)中含两个未知数且最高次数为 2,称它们为二元二次方程;等等.

> **注**　等式 $2x=2x$,$5x-3x+1=2x+1$ 是方程吗? 不是方程,它们是一种特殊情况,形式上含有未知数,但实质上是当 x 为任何数时,等式都成立,即一个恒等式.而方程中未知数仅为某些数时,等式才成立,因而称这类等式为方程.

一元一次方程、二元一次方程、一元二次方程和分式方程等都是方程中最简单的一类方程,且应用广泛.在这里介绍一下如何列方程,以及如何求解方程.

5.2.2　列方程

我们在日常生活中,经常会遇到许许多多的实际问题需要我们解决,而其中有许多问题只要用简易方程的知识便能很容易地加以解决.首先,我们需要把问题中的数量关系用方程表示出来,即列方程;然后求出方程的解,就是求满足方程式的未知量的数值,即解方程.

例 1 今有李明骑车从 A 市出发,去 B 市,A、B 两市相距 60 km,出发后经过 2 个小时在 C 地休息,而 C 地到 B 市还有 20 km,求骑车行进速度是多少?

解 首先,设车速为 x(km/h),根据题意,可作出示意图 2-3 来分析.

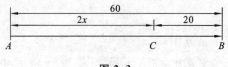

图 2-3

由图示可得方程 $2x+20=60$,解得 $x=20$,即李明骑车行进速度为 20 km/h.

例 2 学生张明有 120 元钱,每天伙食费为 15 元,李光有 96 元钱,每天伙食费 9 元,问几天后两人的余额相同?

解 设 x 天后张明和李光的余额相同,如图 2-4 所示.

经过 x 天后张明用了 $15x$,李光用了 $9x$,他们的余额分别为 $120-15x$ 和 $96-9x$,于是得方程

$$120-15x=96-9x.$$

例 3 张山和王勇两人年龄之和是 50 岁,而王勇比张山小 10 岁,问他们分别是多少岁?

解一 若设张山的年龄为 x 岁,王勇比张山小 10 岁,则王勇的年龄为 $(x-10)$ 岁.根据两人年龄和可得方程:

$$x+(x-10)=50, \quad 即 \quad 2x-10=50.$$

解二 设张山的年龄为 x 岁,王勇的年龄为 y 岁,根据题意知,两人年龄之和与年龄之差的关系,可得到两个方程:$x+y=50$ 和 $x-y=10$.

记为方程组:

$$\begin{cases} x+y=50, & (1) \\ x-y=10. & (2) \end{cases}$$

该问题由含有两个未知数的二元一次方程来表示,我们称它们为二元一次方程组.

从此例可看出,一个实际问题在假设未知数个数不同时,可得到不同形式的方程或方程组.

例 4 若用规格为 5 m 和 8 m 的水管来安装长 155 m 的管道,其中水管的总数为 25 根,问两种规格的水管各有多少根?

解一 设规格为 5 m 的水管为 x 根,于是 8 m 规格的水管为 $25-x$ 根,因此

可得方程：
$$5x+8(25-x)=155.$$

解二　设规格为 5 m 的水管为 x 根，8 m 水管为 y 根，根据题意有
$$x+y=25 \quad 和 \quad 5x+8y=155.$$

即方程组：
$$\begin{cases} x+y=25, & (1) \\ 5x+8y=155. & (2) \end{cases}$$

由上可知：若用一个未知数，依题意可用一个一元一次方程来表示；如果用两个未知数来表达，问题可用两个二元一次方程即方程组表出.

例 5　某人有浓度为 30% 和 90% 的两种溶液，而客人却需要 60% 浓度的溶液 80 kg，问各种溶液各需多少才能配制而成？

解　(1) 设需要浓度为 30% 的溶液为 x kg，则需要浓度为 90% 的溶液应为 $(80-x)$ kg，故溶液配制前为 $x\times30\%+(80-x)\times90\%$，配制后为 $80\times60\%$，它们应相等，故有方程
$$x\times30\%+(80-x)\times90\%=80\times60\%.$$

(2) 设用浓度为 30% 的溶液 x kg 和 90% 浓度的溶液 y kg，配制得到浓度为 60% 的溶液 80 kg，根据题意有 $x+y=80$ 和 $x\times30\%+y\times90\%=80\times60\%$，即得方程组：
$$\begin{cases} x+y=80, & (1) \\ x\times30\%+y\times90\%=80\times60\%. & (2) \end{cases}$$

例 6　某校学生赵明和孙林的家相距 2500 m，若他们都骑自行车同时相向（相对）而行到学校，只需 10 min 就在学校相遇了；如果他们同时同向而行，赵明经过学校到孙林家并追上孙林，总共用了 50 min，问他们骑车速度各是多少？

解　如图 2-5 所示，设赵明家为 A，学校为 B，孙林家为 C，他们相向而行 10 min 后在 B 地相遇，若同向而行 50 min 后于 D 地相遇.

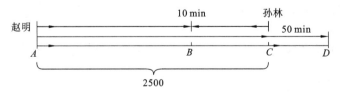

图 2-5

设赵明车速为 x m/min，孙林车速 y m/min，由题意可知
$$10x+10y=2500, \quad 50x-50y=2500,$$

即得方程组

$$\begin{cases} 10x+10y=2500, & (1) \\ 50x-50y=2500. & (2) \end{cases}$$

> **思考题**
>
> (1) 若某人给兄弟二人 50 元,哥哥比弟弟多 8 元,问他们各是多少元?
>
> (2) 今知圆珠笔和钢笔价格之和为 15 元,而圆珠笔价格为铅笔价格的 3 倍少 1 元,求两种笔价格各是多少?
>
> (3) 甲厂有矿石 240 吨,每天用矿石 30 吨,乙厂有矿石 192 吨,每天用矿石 18 吨,问多少天后两厂剩余矿石量相同?

5.3 解一元一次方程

若方程已知,如何寻求满足方程的未知数 x 的值呢? 即解方程,而满足方程的未知数值称为方程的解.

解方程的方法是:利用等式性质,即将方程两边同加(减)某数后所得方程仍成立;用某个非零实数(或非零未知数)同乘方程两边,所得方程仍成立等方法来化简方程,从而求得方程的解. 此法称为等式变形法.

下面举例说明.

例 1 解方程 $5x-7=3x+5$.

解 首先在方程两边同减 $3x$ 即得方程

$$5x-7-3x=3x+5-3x, \quad 即 \quad 5x-7-3x=5,$$

亦即将 $3x$ 移到方程另一边,变为 $-3x$,称为移项. 整理得 $2x-7=5$.

然后,将方程 $2x-7=5$ 两边同加 7,得 $2x-7+7=5+7$,即将 -7 移到另一边变为 7,得 $2x=5+7$,则 $x=6$ 是方程的解.

例 2 解方程 $\dfrac{5}{2}x-7=4-3x$.

解 首先将方程两边同加 $3x$,即将 $-3x$ 移到方程左边变为 $3x$,得 $\dfrac{5}{2}x-7+3x=4$,合并同类项得 $\dfrac{11}{2}x-7=4$.

再将方程两边同加 7,即将 -7 移到右边变为 7,得 $\dfrac{11}{2}x=4+7$,合并得 $\dfrac{11}{2}x=11$.

第三,方程两边同乘以 2,得 $11x=22$.

最后,将方程两边同除以 11,得 $x=\dfrac{22}{11}$,即 $x=2$.

例 3　解方程 $\dfrac{3}{x+2}-2=\dfrac{1}{x+2}$,$x+2\neq 0$.

解　因 $x+2\neq 0$,将方程两边同乘以 $x+2$,得 $3-2(x+2)=1$,化简得 $-2x-1=1$,移项得 $-2x=2$,故 $x=-1$.

综上解法为移"项"——移"加"为"减",移"减"为"加",移"乘"为"除",移"除"为"乘",亦即使方程变为 x 在等号左边,数位于等号右边,变成一元一次方程的最简形式,即 $x=a$,a 为已知数.

> **注**　设一元二次方程 $ax^2+bx+c=0(a\neq 0)$,称它为一元二次方程的标准形式.如何求满足方程的 x 值? 这里介绍用公式法求解.
>
> 若一元二次方程 $ax^2+bx+c=0(a\neq 0)$ 时,则 x 的值有两个:
>
> $$x_1=\frac{-b+\sqrt{b^2-4ac}}{2a},\quad x_2=\frac{-b-\sqrt{b^2-4ac}}{2a},$$
>
> 合并得 $x=\dfrac{-b\pm\sqrt{b^2-4ac}}{2a}$.(公式证明可参考中学代数的有关内容)

例 4　求一元二次方程 $2x^2+x=12-x$ 的解.

解　化简方程得 $2x^2+2x-12=0$,再化简得

$$x^2+x-6=0.$$

因 $a=1$,$b=1$,$c=-6$,故

$$x_1=\frac{-1+\sqrt{1^2-4\times 1\times(-6)}}{2\times 1}=\frac{-1+5}{2}=2,$$

$$x_2=\frac{-1-\sqrt{1^2-4\times 1\times(-6)}}{2\times 1}=\frac{-1-5}{2}=-3.$$

例 5　设方程为 $x^2-2x+3=2+x-x^2$,求 x 的值.

解　化方程为标准形式,移项得

$$x^2-2x+3-2-x+x^2=0,$$

整理得

$$2x^2-3x+1=0.$$

因 $a=2$,$b=-3$,$c=1$,代入公式得

$$x=\frac{3\pm\sqrt{(-3)^2-4\times 2\times 1}}{2\times 1}=\frac{3\pm 1}{2},$$

故

$$x_1=\frac{3+1}{2}=2,\quad x_2=\frac{3-1}{2}=1.$$

5.4　解二元一次方程组

我们在前面看到有许多实际问题中相关数量关系可用二元一次方程组来表示,而实际问题的解答就是求满足二元一次方程组的未知数的值,即求二元一次方程组的解.在这里介绍两种求解的方法.

5.4.1　消元法

在二元一次方程组中,我们根据等式性质,变换两个二元一次方程,设法消去一个未知数,化某方程为一元一次方程,再求其解,此法称为消元法.根据不同的消去未知数的方法,可分为代入消元法和加减消元法两种.

例 1　求下列方程组的解:

$$\begin{cases} x+y=25, & (1) \\ 5x+8y=155. & (2) \end{cases}$$

解　由方程(1)得 $x=25-y$,将它代入方程(2)得

$$5(25-y)+8y=155,$$

整理得

$$25\times5-5y+8y=155,$$

合并同类项得

$$3y+125=155,$$

移项得

$$3y=155-125=30, \quad 即 \quad 3y=30,$$

化简得 $y=10$.

将 $y=10$ 代入方程(1)得 $x+10=25$,移项化简得 $x=15$.

因此,$\begin{cases} x=15 \\ y=10 \end{cases}$ 为方程组的解.

上述消元法为代入消元法.

例 2　求下列方程组的解:

$$\begin{cases} x+y=50, & (1) \\ x-y=10. & (2) \end{cases}$$

解　将方程(1)与方程(2)相加,即等号左边相加等于右边相加,亦即

$$x+y+x-y=50+10,$$

化简得 $2x=60$,则 $x=30$.

将方程(1)减去方程(2),即等号左边相减等于右边相减,亦即

$$(x+y)-(x-y)=50-10,$$

化简得 $2y=40$，则 $y=20$．

因此，$\begin{cases} x=30 \\ y=20 \end{cases}$ 为方程组的解．

上述方法称为加减消元法．

思考题 （1）例 1 也可用加减消元法求解，例 2 也可用代入消元法求解．请读者自己完成．

（2）解方程组 $\begin{cases} 5x+2y=11, \\ 3x-2y=-3. \end{cases}$

例 3　今有学生 15 人，分成两组，一组采摘柑橘，一组运输柑橘，每人一天可采摘 40 kg，而每人一天可运输 80 kg，如何分组，使运输、采摘工作能及时完成（即采摘量与运输量相等）？

解　设采摘柑橘组的人数为 x，而运输组的人数为 y．根据题意可得方程
$$x+y=15.$$
又知采摘量与运输量必相等，而得另一方程，即 $40x=80y$，于是得如下方程组：

$$\begin{cases} x+y=15, & (1) \\ 40x=80y. & (2) \end{cases}$$

方法一　代入消元法．

由方程（1）得

$$y=15-x, \tag{1'}$$

代入方程（2）得

$$40x=80(15-x),$$

整理得

$$40x=1200-80x,$$

移项得

$$40x+80x=1200,$$

即 $120x=1200$，则 $x=10$，代入（1'）得

$$y=15-10=5.$$

所以，$\begin{cases} x=10 \\ y=5 \end{cases}$ 为方程组的解．因此采摘柑橘的人数为 10 人，运输柑橘的人数为 5 人．

方法二　加减消元法．

首先化简方程（2），两边除以 40 并移项得

$$x-2y=0, \tag{2'}$$

于是得方程组

$$\begin{cases} x+y=15, & (1) \\ x-2y=0. & (2') \end{cases}$$

将方程(1)左右两边乘以 2 得

$$2x+2y=30. \tag{1''}$$

由方程(1'')加方程(2')得

$$3x=30,$$

所以 $x=10$. 将 $x=10$ 代入方程(1)得 $y=5$. 于是 $\begin{cases} x=10 \\ y=5 \end{cases}$ 是方程组的解.

> **注** 解二元一次方程组时,根据方程组的特征而定,即由哪种方法计算最简便而决定,有时两种消元法也可以结合使用.

 求 1.2.2 节中例 3 至例 6 中方程组的解.

5.4.2 行列式解法

1. 什么叫二阶行列式

上面例 1 中,已知方程组

$$\begin{cases} x+y=25, & (1) \\ 5x+8y=155, & (2) \end{cases}$$

它的解可表示为

$$x=\dfrac{\begin{vmatrix} 25 & 1 \\ 155 & 8 \end{vmatrix}}{\begin{vmatrix} 1 & 1 \\ 5 & 8 \end{vmatrix}}, \quad y=\dfrac{\begin{vmatrix} 1 & 25 \\ 5 & 155 \end{vmatrix}}{\begin{vmatrix} 1 & 1 \\ 5 & 8 \end{vmatrix}},$$

其中,记号 $\begin{vmatrix} 25 & 1 \\ 155 & 8 \end{vmatrix}$,$\begin{vmatrix} 1 & 1 \\ 5 & 8 \end{vmatrix}$,$\begin{vmatrix} 1 & 25 \\ 5 & 155 \end{vmatrix}$ 表示代数和,即

$$\begin{vmatrix} 25 & 1 \\ 155 & 8 \end{vmatrix}=25\times8-155\times1=200-155=45,$$

$$\begin{vmatrix} 1 & 1 \\ 5 & 8 \end{vmatrix}=1\times8-1\times5=3,$$

$$\begin{vmatrix} 1 & 25 \\ 5 & 155 \end{vmatrix} = 155 \times 1 - 25 \times 5 = 30.$$

我们称它们为二阶行列式.

一般地,我们引入记号

$$\begin{vmatrix} a_{11} & a_{12} \\ a_{21} & a_{22} \end{vmatrix} = a_{11}a_{22} - a_{12}a_{21}$$

为代数和,其中 $a_{11}, a_{22}, a_{12}, a_{22}$ 为数. 称 $\begin{vmatrix} a_{11} & a_{12} \\ a_{21} & a_{22} \end{vmatrix}$ 为二阶行列式;称 $a_{11}, a_{22}, a_{21},$ a_{22} 为行列式中的元素;在行列式中,从左上角 a_{11} 到右下角 a_{22} 的连线为主对角线; 从右上角到左下角 a_{21} 的连线为次对角线. 行列式 $\begin{vmatrix} a_{11} & a_{12} \\ a_{21} & a_{22} \end{vmatrix}$ 的代数和为主对角线 上的元素的乘积和减去次对角线上元素的乘积.

例如,二阶行列式

$$\begin{vmatrix} 2 & -3 \\ 4 & 5 \end{vmatrix} = 2 \times 5 - (-3) \times 4 = 22;$$

$$\begin{vmatrix} 1 & 2 \\ -3 & -9 \end{vmatrix} = 1 \times (-9) - 2 \times (-3) = -3.$$

 **思考题** 计算下列二阶行列式:

$$\begin{vmatrix} -1 & -7 \\ 2 & 8 \end{vmatrix}, \quad \begin{vmatrix} 0 & 4 \\ 1 & 3 \end{vmatrix}, \quad \begin{vmatrix} 2 & 3 \\ 4 & 5 \end{vmatrix}, \quad \begin{vmatrix} a & b \\ c & d \end{vmatrix}.$$

2. 用行列式解二元一次方程组

设二元一次方程组

$$\begin{cases} a_1 x + b_1 y = c_1, \\ a_2 x + b_2 y = c_2, \end{cases}$$

其中, a_1, b_1, a_2, b_2 为未知数 x, y 的系数, c_1, c_2 为常数项,称方程组为二元一次方 程组的标准形. 当方程组的系数行列式 $\begin{vmatrix} a_1 & b_1 \\ a_2 & b_2 \end{vmatrix} \neq 0$ 时,则方程组的解为

$$x = \frac{\begin{vmatrix} c_1 & b_1 \\ c_2 & b_2 \end{vmatrix}}{\begin{vmatrix} a_1 & b_1 \\ a_2 & b_2 \end{vmatrix}}, \quad y = \frac{\begin{vmatrix} a_1 & c_1 \\ a_2 & c_2 \end{vmatrix}}{\begin{vmatrix} a_1 & b_1 \\ a_2 & b_2 \end{vmatrix}}.$$

例 1 用行列式法解方程组

$$\begin{cases} x+y=15, \\ x-2y=0. \end{cases}$$

解　因为

$$\begin{vmatrix} 1 & 1 \\ 1 & -2 \end{vmatrix}=1\times(-2)-1\times1=-2-1=-3\neq0,$$

所以

$$x=\frac{\begin{vmatrix} 15 & 1 \\ 0 & -2 \end{vmatrix}}{-3}=\frac{-30}{-3}=10,$$

$$y=\frac{\begin{vmatrix} 1 & 15 \\ 1 & 0 \end{vmatrix}}{-3}=\frac{0-15}{-3}=\frac{-15}{-3}=5.$$

因此，$\begin{cases} x=10 \\ y=5 \end{cases}$ 为方程组的解.

例 2　已知方程组 $\begin{cases} x+3=18-y, \\ 5x+y=9y+x, \end{cases}$ 用行列式法求解.

解　化方程组为标准形，即

$$\begin{cases} x+y=15, \\ 4x-8y=0. \end{cases}$$

因系数行列式

$$\begin{vmatrix} 1 & 1 \\ 4 & -8 \end{vmatrix}=1\times(-8)-1\times4=-12\neq0,$$

而

$$\begin{vmatrix} 15 & 1 \\ 0 & -8 \end{vmatrix}=15\times(-8)-1\times0=-120,$$

$$\begin{vmatrix} 1 & 15 \\ 4 & 0 \end{vmatrix}=1\times0-15\times4=-60,$$

故

$$x_1=\frac{-120}{-12}=10,\quad y=\frac{-60}{-12}=5.$$

因此，方程组的解为 $\begin{cases} x=10, \\ y=5. \end{cases}$

例 3　用行列式法解方程组 $\begin{cases} 5x+2y=11, \\ 3x-2y=-3. \end{cases}$

解　因系数行列式

$$\begin{vmatrix} 5 & 2 \\ 3 & -2 \end{vmatrix} = (-2) \times 5 - 2 \times 3 = -16 \neq 0,$$

故

$$x = \dfrac{\begin{vmatrix} 11 & 2 \\ -3 & -2 \end{vmatrix}}{-16} = \dfrac{11 \times (-2) - 2 \times (-3)}{-16} = \dfrac{-16}{-16} = 1,$$

$$y = \dfrac{\begin{vmatrix} 5 & 11 \\ 3 & -3 \end{vmatrix}}{16} = \dfrac{-15 - 33}{-16} = \dfrac{-48}{-16} = 3.$$

因此,方程组的解为 $\begin{cases} x = 1, \\ y = 3. \end{cases}$

　　行列式是解线性方程组的有力工具,我们还可用三阶行列式来求方程组的解,有兴趣的读者可参阅线性代数的有关内容,线性方程组的解法还有矩阵法等.

 解下列方程组:

(1) $\begin{cases} x - y = 15, \\ x = 3y - 1; \end{cases}$

(2) $\begin{cases} 3x + 2y = 10, \\ 2x + 3y = 7. \end{cases}$

第6章

方 程 应 用

6.1　用解方程的方法化循环小数为分数

前面介绍了循环小数化为分数的方法,但是方法是怎样得到的呢? 我们总是不知其缘由,学完后总是容易忘记它.如果用解方程的方法来化循环小数为分数,方法不用死记,方法的来源也易得知.下面举例说明.

例1　化下列循环小数为分数:

(1) $0.\dot{3}$;　(2) $0.\dot{2}\dot{1}$;　(3) $0.5\dot{2}\dot{4}$.

解　(1) 设 $0.\dot{3}$ 的分数为 x,即

$$x = 0.333\cdots, \tag{1}$$

方程两边乘以 10,得

$$10x = 3.33\cdots. \tag{2}$$

由方程(2)-(1)得

$$10x - x = 3, \quad 即 \quad 9x = 3,$$

两边同除以 9,得

$$x = \frac{3}{9} = \frac{1}{3}.$$

(2) 设 $0.\dot{2}\dot{1}$ 的分数为 x,即

$$x = 0.212121\cdots, \tag{1}$$

两边同乘以 100,得

$$100x = 21.2121\cdots. \tag{2}$$

由方程(2)-(1)得

$$100x - x = 21, \quad 即 \quad 99x = 21,$$

两边同除以 99,得

$$x = \frac{21}{99} = \frac{7}{33}.$$

（3）设 $0.5\overset{\cdot}{2}\overset{\cdot}{4}$ 的分数为 x，即

$$x=0.524524\cdots, \tag{1}$$

方程（1）两边同乘以 1000，得

$$1000x=524.524\cdots. \tag{2}$$

由方程（2）－（1）得

$$1000x-x=524,\quad 即\quad 999x=524,$$

两边同除以 999 得

$$x=\frac{524}{999}.$$

从上例中不难归纳得到如下结论：

纯循环小数化为分数时，其分数的分子为一个循环节的数字所组成的数，分母是由 9 组成的数，9 的个数等于一个循环节中数字的个数.

例如：

$$0.\overset{\cdot}{1}235\overset{\cdot}{6}=\frac{12356}{99999},\quad 0.\overset{\cdot}{8}\overset{\cdot}{1}=\frac{81}{99}=\frac{9}{11}.$$

例 2　化混循环小数为分数：

（1）$0.3\overset{\cdot}{6}$；　（2）$0.23\overset{\cdot}{4}\overset{\cdot}{2}$；　（3）$0.12\overset{\cdot}{5}3\overset{\cdot}{1}$.

解　设 $0.3\overset{\cdot}{6}$ 的分数为 x，即

$$x=0.3666\cdots. \tag{1}$$

方程（1）两边同乘以 10，得

$$10x=3.666\cdots. \tag{2}$$

方程（1）两边同乘以 100，得

$$100x=36.666\cdots. \tag{3}$$

由方程（3）－（2）得

$$100x-10x=36-3,$$

即

$$90x=36-3,\quad x=\frac{36-3}{90}=\frac{33}{90}=\frac{11}{30}.$$

（2）设 $0.23\overset{\cdot}{4}\overset{\cdot}{2}$ 的分数为 x，即

$$x=0.234242. \tag{1}$$

方程（1）两边同乘以 100，得

$$100x=23.4242\cdots. \tag{2}$$

方程（1）两边同乘以 10000，得

$$10000x=2342.4242\cdots. \tag{3}$$

由方程（3）－（2）得

$$10000x - 100x = 2342 - 23,$$

$$9900x = 2342 - 23, \quad x = \frac{2342 - 23}{9900} = \frac{773}{3300}.$$

(3) 设 $0.1\dot{2}53\dot{1}$ 的分数为 x,即

$$x = 0.12531\cdots. \tag{1}$$

方程(1)两边同乘以 100,得

$$100x = 12.531531\cdots. \tag{2}$$

方程(1)两边同乘 100000,得

$$100000x = 12531.531531\cdots. \tag{3}$$

由方程(3)-(2)得

$$100000x - 100x = 12531 - 12,$$

$$99900x = 12531 - 12,$$

即

$$x = \frac{12531 - 12}{99900} = \frac{12519}{99900} = \frac{1391}{11100}.$$

由上例中不难归纳得到如下结论:

混循环小数化成分数时,分母数字为 9 和 0 组成的数,如 9…0…9 的个数等于循环节中数字的个数,零的个数等于小数中不循环部分数字的个数.分子为第二个循环节前的部分数字组成的数减去不循环部分数字所组成的数.

例如:

$$0.12\dot{4}516\dot{7} = \frac{1245167 - 124}{9999000} = \frac{1245043}{9999000};$$

$$0.12\dot{1}5\dot{3} = \frac{12153 - 121}{99000} = \frac{12032}{99000} = \frac{1504}{12375}.$$

 化循环小数为分数(用方程法和规则法来求):

(1) $0.\dot{5}$; 　(2) $2.\dot{7}$; 　(3) $4.2\dot{3}\dot{5}$; 　(4) $0.4\dot{5}$;

(5) $0.11\dot{2}\dot{3}$; 　(6) $5.\dot{2}\dot{7}$.

6.2　行程问题

在世界万物中,运动是普遍存在的现象,动物行走,鸟在空中飞翔,鱼儿在水中游动,人在路上行走,汽车在公路上行驶,火车在铁路上奔驰,船在江河湖海上航行,飞机在天上飞行,地球绕太阳旋转,人造卫星绕地球运行,飞船奔月,等等,都含有行程问题.行程问题涉及三个变量:运行路程、运行速度和运行时间.

例 1　有一列火车从甲站到乙站,火车以 300 km/h 的速度行驶,经过 4 h 后火车到达乙站,问从甲站到乙站的路程是多少?

解　易知从甲站到乙站的路程是 300 km/h×4 h＝1200 km.

例 2　某学生的家离学校 1000 m,他每次上学需走 10 min,问他每分钟走多远?

解　易知该生每分钟的平均速度是 $\dfrac{1000\ m}{10\ min}$＝100 m/min,则他每分钟走 100 m.

例 3　武汉到某地的路程有 160 km,若开汽车前往,车速为 80 km/h,问驾车前往需多少时间?

解　易知所需时间等于 $\dfrac{160\ km}{80\ km/h}$＝2 h.

6.2.1　距离公式

我们从上面实例中容易看出:物体从甲地到乙地运行的路程称为从甲地到乙地的距离,简称<u>距离</u>.物体从甲地到乙地运行所需的时间,称为运行时间,简称<u>时间</u>.物体从甲地到乙地单位时间内运行的路程(距离)称为运行的平均速度,简称为<u>速度</u>.距离、时间和速度之间有下列关系:

$$距离＝速度×时间,$$
$$速度＝距离÷时间,$$
$$时间＝距离÷速度.$$

若用字母 s 表示距离,v 表示速度,t 表示时间,则有如下公式:

$$s＝v\cdot t,\quad t＝s\div v,\quad v＝s\div t.$$

这三个公式是行程问题中的三个基本公式,称为行程问题中的<u>距离公式</u>.

> **注**　数与字母、字母与字母之间的乘号(×或·)可省去,而数与字母、字母与字母之间的除号(÷)不能省去.

例 1　一列火车从 A 地到 B 地,以平均速度 47 km/h 行驶了 30 h. 今知该车开始以 50 km/h 行驶 15 h 后,改速行驶,求改速后的平均速度为多少?

解　分析如图 2-6 所示.

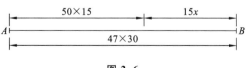

图 2-6

A、B 两地的距离 $s＝47×30＝1410$ km. 首先火车以平均速度 50 km/h 行驶 15 h. 设改速后的平速度为 x km/h,也行驶了 30－15＝15 h.

依题意,得方程

$$(30-15)x=47\times30-50\times15,$$
$$15x=1410-750=660,$$
$$x=44.$$

因此,改速后的平均速度为 44 km/h.

例 2　小王以平均速度 120 m/min 从家步行到学校用了 10 min,放学回家时,步行了 20 min,求小王步行回家的速度是多少?

解　分析如图 2-7 所示,设放学步行回家的平均速度为 x,依题意得

$$20x=120\times10,$$
$$20x=1200,\quad 即\quad x=60,$$

亦即小王步行回家的速度为 60 m/min.

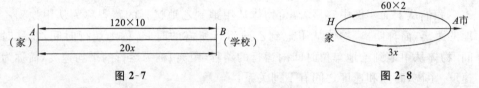

图 2-7　　　　　　　　　　　　　　　　图 2-8

例 3　某人从家去 A 市购物,若乘汽车需要 2 h,汽车的平均速度为 60 km/h,如果骑摩托车需要 3 h,问摩托车的平均速度是多少?

解　分析如图 2-8 所示,设摩托车的平均速度为 x km/h,而家到 A 市的距离为 $60\times2=120$ km,因而得方程

$$3x=120,\quad x=120\div3=40,$$

即摩托车的平均速度为 40 km/h.

例 4　孙明周日从家骑自行车到学校需 6 h,坐汽车只需 3 h,已知汽车速度比自行车速度快 20 km/h,问家到学校有多远?

解　设家到学校的距离为 x,则汽车速度为 $\dfrac{x}{3}$,自行车速度为 $\dfrac{x}{6}$,依题意得方程

$$\frac{x}{3}-\frac{x}{6}=20,$$

化简得

$$2x-x=120,$$

解得

$$x=120,$$

即家到学校的距离为 120 km.

例 5　弟弟从家到学校,哥哥从学校回家,弟弟步行速度为 45 m/min,哥哥步行速度为 50 m/min,已知弟弟早出发 5 min 后哥哥才从学校出发回家,而他们到达目的地的时间相同,问学校与家的距离是多少?

解　如图 2-9 所示,设 $AB=s$,哥哥走完路程 s 需 t min,弟弟走完 CB 段也需 t min,依题意得方程

$$50t=s \quad 和 \quad 45t=s-45\times5.$$

联立得方程组

$$\begin{cases} 50t=s, \\ 45t=s-45\times5. \end{cases} \quad \begin{matrix}(1)\\(2)\end{matrix}$$

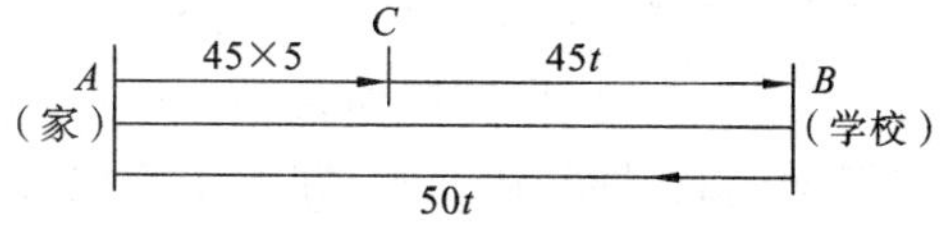

由方程(1)－(2)得

$$5t=225, \quad t=45,$$

代入方程(1)得

$$s=50\times45=2250.$$

即家到学校的距离为 2250 m.

图 2-9

思考题　(1)某人从 A 市到 B 市坐汽车需 2 h,汽车的平均速度为 30 km/h,如骑自行车从 A 市到 B 市需 3 h,问骑自行车的平均速度是多少?

(2)有一列火车从 A 地到 B 地的平均速度为 47 km/h,需行驶 32 h.如果从 A 地出发时以平均速度 50 km/h 行驶了 11 h,然后改速为 40 km/h 的平均速度行驶 9 h,问其余时间火车的平均速度是多少?

(3)今有一列火车车长 240 m,车速 15 m/s,向一隧道开去,当火车头从隧道口进入到火车尾离出隧道时共需 30 s,问隧道有多长?

提示:如图

(4)某村有两个学生,一个叫周文,一个叫李武,学校与村庄相距 2400 m,周文骑摩托车上学,李武骑自行车上学,他们每天都在早上 8 点钟到达学校.已知周文骑摩托车的车速为 300 m/min,李武骑自行车的车速为 120 m/min,问李武比周文提前多长时间出发呢?

(5)有一条水渠要穿一座山而过,若修一条长为 165 m 的隧道,现计划甲、乙两组工人分别从 A、B 两端同时相向挖掘(见图),甲组每天可挖掘隧道 3 m,乙组每天可挖掘 2.5 m,求两组共需多少天可挖通这条隧道?

6.2.2　线性行程问题

这里主要讨论陆地上的一类线性的行程问题. 如人在路上行走, 汽车在路上行驶, 火车在铁路上奔驰, 等等. 在行驶时, 常遇到两种现象: 一种是在同方向上, 一人在前, 另一人在后, 即同向而行, 后者追赶前者, 即<u>追及现象</u>; 另一种是两人分别从异地相对而行, 即相向而行, 在途中某地相遇, 即<u>相遇现象</u>.

下面用解方程的方法来讨论这两种情况.

1. 线性相遇

线性相遇问题, 一般设两人异地相向而行, 在某地相遇了, 在生活中常常遇到这些问题.

例 1　李光与王灿两人分别从 A、B 两地同时出发, 相对而行, 李光每小时步行 3 km, 王灿每小时步行 5 km, A、B 两地相距 32 km, 问两人何时在何地相遇?

解一　设李光和王灿经过 t h 相遇于 C 处, 分析如图 2-10 所示.

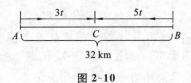

图 2-10

依题意可得方程

$$3t + 5t = 32,$$

化简得

$$8t = 32, \quad 即 \quad t = 4.$$

于是

$$BC = 5 \times 4 = 20, \quad AC = 3 \times 4 = 12.$$

因此, 两人步行 4 h 后在距 B 地 20 km(或距 A 地 12 km)处相遇.

解二　设李光走了 x km 与王灿相遇于 C 处, 即王灿走了 $(32-x)$ km 到达 C 处. 依题意知, 他们相遇时, 李光花了 $\dfrac{x}{3}$ h, 王灿花了 $\dfrac{32-x}{5}$ h, 便得方程

$$\frac{x}{3} = \frac{32-x}{5}$$

化简得

$$5x = 96 - 3x,$$

移项得

$$5x + 3x = 96, \quad 8x = 96, \quad x = 12,$$

则

$$BC = 32 - 12 = 20,$$

即他们相遇时行走了 $\frac{12}{3}=4$ h,且李光走了 12 km,王灿走了 20 km.

例 2　李明从家步行到学校只需要 12 min,一天他 7:30 从家出发,步行到学校时,他的同学王云骑自行车 7:30 从学校向李明家而行,自行车速度为他步行速度的 3 倍,问两人出发后多长时间就相遇了呢?

解　设李明步行速度为 x m/min,王云骑车速度为 $3x$ m/min,学校(B)与李明的家(A)相距 $12x$,相遇时间为 t min.分析如图 2-11 所示.

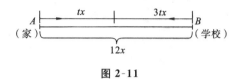

图 2-11

依题意得方程

$$tx+3tx=12x.$$

因 $x\neq0$,两边除以 x 得

$$t+3t=12,\quad 4t=12,\quad t=3,$$

即两人 3 min 后相遇.

> **注**　方程是二元二次方程,属特殊情况,因含变量 x,又步行速度非零,即 $x\neq0$,所以可求其解.

例 3　甲、乙两人,甲住 A 城,乙住 B 城,两城相距 60 km,他们各自骑自行车同时出发,相向而行,2 h 后相遇,然后甲因有事返回家中,乙继续前行,甲到家时,乙到距 A 城 4 km 处,问甲、乙骑车速度各是多少?

解一　分析如图 2-12 所示.

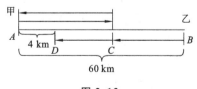

图 2-12

设甲车速为 x km/h,乙车速为 y km/h,可知乙骑车 4 h 到达 D 处,甲、乙两人各骑 2 h 相遇于 C 处,可得方程 $4y=60-4=56$ 和 $2x=60-2y$,即得方程组

$$\begin{cases} 4y=56, & (1) \\ 2x=60-2y. & (2) \end{cases}$$

由方程(1)得 $y=14$,代入方程(2)得

$$2x=60-2\times14=32,\quad x=16.$$

因此,甲骑车速度为 16 km/h,乙骑车速度为 14 km/h.

　　解二　设甲骑车速度为 x km/h,乙骑车速度为 y km/h,从图 2-12 可得方程

$$2x+2y=60 \quad 和 \quad 2x-2y=4.$$

即方程组

$$\begin{cases} 2x+2y=60, & (1) \\ 2x-2y=4. & (2) \end{cases}$$

由方程(1)+(2)得

$$4x=64, \quad x=16.$$

由方程(1)−(2)得

$$4y=56, \quad y=14.$$

因此,甲骑自行车速度为 16 km/h,乙骑自行车速度为 14 km/h.

　　例 4　一列快车和一列慢车相向而行,快车长 280 m,慢车长 385 m,坐在快车上的人看见慢车驶过的时间是 11 s,问慢车上的人看见快车驶过的时间是多长时间?

　　解　分析如图 2-13 所示.

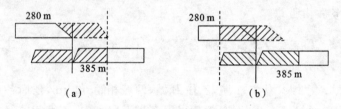

图 2-13

　　当两车头相遇到快车头与慢车尾相遇的时间,就是快车上的人看见慢车驶过的时间,即 11 s,其行驶的距离为慢车的长度 385 m,如图 2-13(a)所示.而从慢车头与快车头相遇到慢车头与快车尾相遇经过的时间为慢车上的人看到快车驶过的时间设为 t s,其行驶距离为快车的长度 280 m,如图 2-13(b)所示.

　　设快车车速为 x m/s,慢车车速为 y m/s,快车上的人见慢车驶过时间为 11 s,设慢车上的人见快车驶过时间为 t s,则有 $11x+11y=385$ 和 $tx+ty=280$,于是得方程组:

$$\begin{cases} 11x+11y=385, & (1) \\ tx+ty=280. & (2) \end{cases}$$

由方程(1)得

$$x+y=35,$$

代入方程(2),即

$$t(x+y)=280,$$

得 $t=\dfrac{280}{35}=8$，即慢车上的人看见快车驶过的时间为 8 s.

例 5 今有甲、乙两车分别从 A、B 两地同时相向而行，第一次相遇在离 A 地 500 km 处，然后继续前进，到达目的地后再回行，第二次相遇离 B 地 300 km 处. 问 A、B 两地相距多远？

解 设 A、B 两地的距离为 s km，如图 2-14 所示.

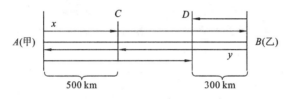

图 2-14

设甲车速度为 x km/h，乙车速度为 y km/h，甲从 A 地出发，乙从 B 地出发，第一次相遇 C 处，$AC=500$ km，相遇所用时间为 t h；甲、乙继续前行，到达终点折回后前行第二次相遇于 D 地，行程距离合计为 $2s$ km，相遇所用时间为 $2t$ h.

从图 2-14 可知

$$tx=500,$$

和

$$2tx=CB+BD=s-500+300,$$

即

$$2tx=s-200,$$

于是得方程组

$$\begin{cases} tx=500, & (1) \\ 2tx=s-200. & (2) \end{cases}$$

将方程(1)代入方程(2)得

$$1000=s-200.$$

因此

$$s=1200.$$

同样，利用方程组

$$\begin{cases} ty=s-500, \\ 2ty=500+s-300, \end{cases}$$

即

$$\begin{cases} ty=s-500, \\ 2ty=s+200, \end{cases}$$

也可解得 $s=1200$.

因此，A、B 两地相距 1200 km．

（1）设两车第一次相遇时间为 t_1，第二次相遇时间为 t_2，从解方程组可推得 $t_2 = 2t_1$．读者自证．

（2）若例 5 中两车往返过程中第三次相遇，第四次相遇，则相遇时间各是多少？

（3）若甲、乙两人分别从 A、B 两地同时出发，相向而行，甲的步行速度为 50 m/min，乙的步行速度为 70 m/min，A、B 两地相距 1200 m，第一次相遇于 C 处，问 A、C 相距多远？如果相遇后，各自前行到达目的地后折回而行，相遇于 D 处，求 B、D 两地相距多远？

（4）火车甲长 130 m，火车乙长 250 m，甲车速度为 15.5 m/s，乙车速度为 22.5 m/s，两车相向而行，从车头相遇到车尾相遇需多少时间？

提示：分析如图所示．

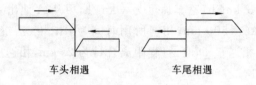

车头相遇   车尾相遇

2．线性追及

线性追及问题一般是两人分别在两个不同地方，同向前行，后者追赶前者，经过一定时间追上前者，即两人相遇，所以线性追及问题实际上是一种同向相遇问题．

例 6   三号公路上有三个城市 A、B、C，如图 2-15 所示．A、B 两城相距 10 km，小王、小张早上 8：00 分别从 A、B 城向 C 城出发，小王车速为 60 km/h，小张车速为 50 km/h，问小王何时于何处可追上小张呢？

图 2-15

解   设小王与小张出发后经过 t h 于 D 处相遇，即小王追上小张．令 $BD = x$，可得方程

$$60t = AD = x + 10 \quad \text{和} \quad 50t = x,$$

即有方程组

$$\begin{cases} 50t=x, & (1) \\ 60t=x+10. & (2) \end{cases}$$

将方程(1)代入方程(2)得

$$60t=50t+10,$$

解得 $t=1$. 将 $t=1$ 代入方程(1)得 $x=50$. 因此,他们于上午 9:00 在距离 B 城 50 km 的地方相遇.

例 7　甲、乙两人同向而行,甲每小时步行 4 km,乙每小时步行 3 km,乙早出发走了 9 km 后甲才出发,甲追赶乙 3 h 后,改变速度为 5 km/h 追赶乙,问甲多长时间才能追上乙?

解　分析如图 2-16 所示.

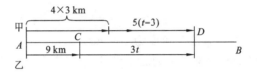

图 2-16

设乙早走 9 km 到 C 处,依题意知,甲从 A 地、乙从 C 地同时出发,若 t h 后甲追上乙于 D 处,令 $AD=x$,于是有方程:

$$x=4\times 3+5(t-3) \quad 和 \quad x=3t+9.$$

得方程组

$$\begin{cases} x=12+5(t-3), & (1) \\ x=3t+9. & (2) \end{cases}$$

将方程(2)代入方程(1)得

$$12+5(t-3)=3t+9,$$

解得 $t=6$. 因此,甲追赶乙 6 h 后相遇.

例 8　甲、乙两车分别在 A、B 两地同时出发,相向而行,经过 5 h 后相遇;如果两车从 A、B 两地同时同向而行,经过 15 h 后相遇于 C 地. 已知 A、B 两地相距 240 km,求两车的速度各是多少?

解　设甲车速度为 x km/h,乙车速度为 y km/h,分析如图 2-17 所示.

根据同向而行与相向而行的相遇条件,可得方程:

$$5x+5y=240 \quad 和 \quad 15x-15y=240,$$

即方程组

$$\begin{cases} 5x+5y=240, & (1) \\ 15x-15y=240, & (2) \end{cases}$$

化简得

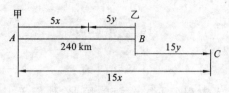

图 2-17

$$\begin{cases} x+y=48, & (3) \\ x-y=16. & (4) \end{cases}$$

由方程(3)+(4)得

$$2x=64, \quad x=32,$$

由方程(3)-(4)得

$$2y=32, \quad y=16.$$

因此,甲车速度为 32 km/h,乙车速度为 16 km/h.

例 9　甲、乙两车同时从东站向西站出发,甲车车速比乙车车速每小时快 12 km,甲车行驶 4 h 可到达西站,然后立刻按原路返回,在距西站 36 km 处与乙车相遇,求甲车车速是多少?

解　分析如图 2-18 所示.

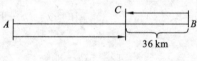

图 2-18

设甲车车速为 x,乙车车速为 $x-12$,两车出发后经 t h 相遇于 C 处,东站(A)与西站(B)相距 $4x$.依题意,可得方程组:

$$\begin{cases} tx=4x+36, & (1) \\ t(x-12)=4x-36, & (2) \end{cases}$$

将方程(2)化简得

$$tx-12t=4x-36. \tag{3}$$

将方程(1)代入方程(3)得

$$4x+36-12t=4x-36,$$

即

$$12t=72, \quad t=6.$$

将 $t=6$ 代入方程(1)得

$$6x=4x+36, \quad 2x=36, \quad x=18.$$

所以甲车车速为 18 km/h.

（1）甲、乙两车从 B 市开往 A 市，甲车车速为 50 km/h，乙车车速为 40 km/h，乙车出发 2 h 后甲车才出发，甲车为了早点追上乙车，甲车行驶 1 h 后以 60 km/h 的速度行驶，问甲车何时追上乙车？

（2）A、B 两地相距 90 km，小王需走 15 h，小张需走 12 h，今知他们都从 A 地到 B 地，小王先出发 2 h，问小张追上小王时，小张需走多长时间？

（3）甲、乙两人骑自行车同时同地出发，去某地办事，甲骑自行车的速度为 28 km/h，乙骑自行车的速度为 20 km/h，出发半小时后甲因故又返回出发地，且在那里休息 1 h 后再骑车追赶乙，问经过多长时间可追上乙？

提示：甲走了半小时返回原地又休息 1 h，即乙早出发 2 h，甲才出发.

（4）A、B 两地相距 10 km，甲从 A 坐公汽，乙从 B 地步行，他们同时同向前行，步行速度为 10 km/h，经过 12 min 甲追上步行的乙，求公汽速度是多少？

6.2.3 环道相遇与追及

环道上行程问题也是常见的一类行程问题，如钟表上分针、秒针、时针的旋转，学生在跑道上赛跑，汽车在环形公路上行驶，卫星绕地球运行，等等. 它们在运行中常发生相遇和追及现象，其实就是相遇现象，有同向相遇（追及），也有异向相遇，这些与前面所讲的线性相遇和追及问题相类似，其不同之处是相遇总在环道上，而环道长度是不变的，这里仅举两例，请读者深思比较.

例 1 甲、乙两人在环道上步行，环道长 450 m，若甲的步行速度为 80 m/min，乙的步行速度为 70 m/min，它们从环道上 A 地同时出发，异向而行，问何时相遇？若他们从 A 地同时同向前行，又何时相遇呢？他们各走了多少呢？

解 如图 2-19(a)所示，设甲、乙两人从 A 地同时异向出发，经过 x min 相遇于 B 处，得方程

$$80x + 70x = 450, \quad 150x = 450,$$

解得 $x = 3$，即甲、乙两人出发后经过 3 min 就相遇了.

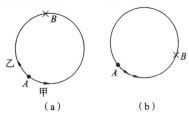

(a)   (b)

图 2-19

如图 2-19(b)所示,若甲、乙两人同时从 A 地出发,同向前行,经过 y min 相遇于 B 处,显知两人同时出发,甲车在前,乙车在后,甲要追上乙,相当于 y min 内甲要比乙多走一圈,于是有 $80y=70y+450$,解方程得 $y=45$,即经过 45 min 两人相遇,其中,甲走了 3600 m(8 圈),乙走了 3150 m(7 圈).

例 2 若环形道路周长为 500 m,甲步行速度为 6 m/s,乙步行速度为 4 m/s,若从 A 地同时异向前行,30 min 内他们相遇了多少次?若他们从 A 地同时同向前行,30 min 内他们又相遇了多少次?

解 如图 2-20(a)所示.

甲、乙两人从 A 地同时异向前行,经过 x s 第一次相遇于 B 地,由于周长为 500 m,可得方程:

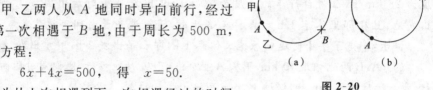

(a)　　　　(b)

图 2-20

$$6x+4x=500, \quad 得 \quad x=50.$$

又因为从上次相遇到下一次相遇经过的时间均为 50 s,所以 30 min 内相遇的次数为

$$30\times 60\div 50=36(次).$$

如图 2-20(b)所示,甲、乙两人从 A 地同时同向前行,显然,甲在前,乙在后,当甲第一次追上乙时甲比乙多走一圈,设他们经过 y s 相遇于 B 地,可得方程

$$6y=4y+500, \quad y=250.$$

又因为相邻两次相遇的时间是相同的,所以 30 min 内相遇的次数为

$$30\times 60\div 250=7\frac{1}{5}=7(次).$$

思考题

(1) 例 1 中甲、乙两人同时同地出发,异向而行,若第一次相遇时间为 t,那么第二次相遇时间是多少呢?第三次、第四次相遇时间是多少?为什么?

(2) 从例 1 中可推得:

异向相遇时间=两人相距的长度(周长)÷速度和;
同向相遇时间=两人相距的长度(周长)÷速度差.

(3) 若甲在环道上 A 处,乙在环道上 B 处,他们同时同向前行,甲步行速度为 60 m/min,乙步行速度为 50 m/min,A 与 B 相距 50 m,环道周长为 1000 m,问两人何时可相遇?若甲、乙两人异向(一人顺时针方向,一人逆时针方向)前行又何时相遇呢?

提示:同向相遇包括同向顺时针和同向逆时针两种情况;异向相遇包括甲顺时针而乙逆时针和甲逆时针而乙顺时针两种情况.

6.3　行船问题

　　行船问题也是一种行程问题,是某物在水中运动的一种行程问题,如小船在湖面划行,赛艇在水中比赛,船在江河中运送旅客和货物,渔轮在海上捕鱼作业,舰艇在海上巡逻,潜艇在水下航行等,都有行程问题.

　　船行速度、船行时间和船行距离有如下公式:

　　　　　　距离＝速度×时间,　时间＝距离÷速度,　速度＝距离÷时间.
但行船问题中的行程问题都有自身的特点,下面介绍如下.

6.3.1　水速和船速

　　我们知道,船或某浮物放在平静的水中,总是静止不动的,位置不会发生变化,但在流水中,它的位置会随水的流动而发生变化.不难看到,用一浮物在河水中不断向下流动,有时流动快些,有时流动慢些,这说明不同河段中水流的速度不同.我们称单位时间内水流的距离称为水流速度,简称水速.

　　如何测出水速呢? 在没有仪器的条件下,可用简易办法来测量水速,我们将一块木板放在流水中,测出它在单位时间内流动的距离,就是水速了.单位时间可以用秒(s)、分钟(min)、小时(h)来计量.

　　例如,有一只小船在河中顺水漂流 10 min,从 A 地流到 B 地,A 到 B 的距离为 30 m.因为水速为单位时间内移动的距离,所以该河流的水速为 30÷10 m/min ＝3 m/min.

　　在无风浪的静水中船是不会动的,但若开动发动机或用人力划动,船就会移动.因此,一只船在平静的水中单位时间内移动的距离,称为船行速度或划行速度,简称为船速.

　　例如,某船工在平静的湖水中从某处划到对面用了 15 min,划行距离为450 m,其划行速度为 30 m/min.

　　又如一艘客轮从湖水中 A 岸开到对岸,耗时 30 s,两岸距离为 120 m,则船的航行速度为 4 m/s.

　　如果一艘船在河流中行驶时,总会受到流水速度的影响,当船顺着流水下行时,船被流水推动下行,船下行的速度比船速大.当船逆水上行时,船被流水阻止上行,船上行的速度比船速小.因此,船的逆水上行速度和顺水下行速度是不同的,且船的下行速度比上行速度快一些.我们把船在顺水下行的行驶速度称为船的顺水速度,简称顺速.船在逆水上行的行驶速度,称为船的逆水速度,简称逆速.

　　实践告诉我们:

$$船速＝船在静水中的行驶速度;$$
$$顺速＝船速＋水速;$$
$$逆速＝船速－水速.$$

据上述公式可推得:

$$船速＝\frac{1}{2}(顺速＋逆速);$$

$$水速＝\frac{1}{2}(顺速－逆速).$$

这些公式,你能用实验来证明它们正确吗?

同样,船在湖水中行驶时,如果有风速,船行速度将受到风速的影响,顺风与逆风时船行驶的速度是不同的,有顺风船速与逆风船速之分,且船顺风行驶时总是比逆风行驶时快些.实践告诉我们:

$$顺风船速＝船速＋风速;$$
$$逆风船速＝船速－风速.$$

类似上面有公式: $$船速＝\frac{1}{2}(顺风船速＋逆风船速);$$

$$风速＝\frac{1}{2}(顺风船速－逆风船速).$$

在行船问题中,船行速度、时间和距离之间的关系是满足行程问题基本公式的,但船行速度是泛指速度,有船本身行驶速度(船速),有顺速与逆速,有顺风船速与逆风船速等,是由客观实际所给定的.现举例说明如下:

例1 有一只小船从 A 地出发,顺水划行,同时有一木板从 A 地顺水漂流而下,5 min 后木板与 A 地相距 15 m,木板与小船相距 300 m,问船速、水速、顺水船速是多少?

解 5 min 后木板流了 15 m,所以

$$水速＝\frac{15\ \text{m}}{5\ \text{min}}＝3\ \text{m/min}.$$

因为 5 min 后船由于划行而比木板多下行了 300 m,所以船速(划速)为

$$\frac{300\ \text{m}}{5\ \text{min}}＝60\ \text{m/min}.$$

而顺水船速为

$$\frac{(300＋15)\ \text{m}}{5\ \text{min}}＝63\ \text{m/min}.$$

例2 有一轮船,它的顺速为 18 km/h,船顺水航行 2 h 的行程与逆水航行 3 h 的行程相等,求船速和水速各是多少.

解 分析如图 2-21 所示,设船从 A 到 B 顺水航行 2 h,而从 B 到 A 逆水航行

3 h. 令船速为 x km/h, 水速为 y km/h, 则船顺速为 $(x+y)$ km/h, 船逆速为 $(x-y)$ km/h. 依题设有方程

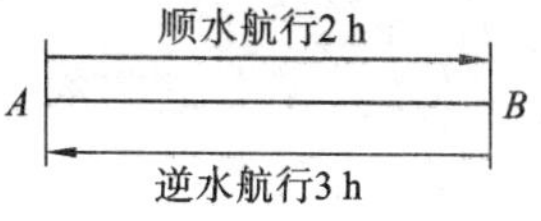

$$2(x+y)=3(x-y) \quad 和 \quad x+y=18,$$

得方程组

$$\begin{cases} 2(x+y)=3(x-y), \\ x+y=18, \end{cases} \quad 即 \quad \begin{cases} x-5y=0, \\ x+y=18, \end{cases}$$

图 2-21

解得

$$x=15, \quad y=3.$$

所以, 船速为 15 km/h, 水速为 3 km/h.

例 3　有一小船在静水中的船速为 30 km/h, 它在河流中逆行 11 h 行驶了 297 km, 问小船返回到出发处需要多长时间?

解　分析如图 2-22 所示, 设 A 到 B 为顺水, B 到 A 为逆水, 已知船速 30 km/h, 如果水速为 x km/h, 即知顺速为 $(x+30)$ km/h, 逆速为 $(30-x)$ km/h, 由题设可得方程

$$11(30-x)=297,$$

图 2-22

解得 $11x=33, x=3$ km/h. 所以, 船的顺速为

$$(30+3) \text{ km/h}=33 \text{ km/h}.$$

因此, 船从 A 返回到 B 所需时间为 $\dfrac{297 \text{ km}}{33 \text{ km/h}}=9$ h.

思考题　(1) 自己制作一只电动小船, 测出它的船速是多少. 再在某小河中做一下水速、船顺速、船逆速测试, 并用公式写出它们之间的关系. 验证上面公式的正确性, 且说明测试方法的具体做法.

(2) 若船在静水中划行了 20 min, 划行距离为 70 m, 船速 (划速) 是多少? 如果船在河水中划行, 且水速为 1.5 m/min, 问船的顺速与逆速各是多少?

(3) 若船速为 8 km/h, 而逆行 5 h 航行了 30 km, 问水速是多少?

(4) 某船顺水航行 5 h 的行程为 60 km, 而逆水航行 10 h 的行程也是 60 km, 问船速、水速、顺速、逆速各是多少?

(5) A、B 两地港口之间有一船顺水航行需 4 h, 逆水航行需 7 h, 若水速为 6 km/h, 问两港口之间的距离是多少?

6.3.2　公式应用

例 1　今有 A、B 两港, 有一货轮往返 A、B 间, 船速为 9 km/h, 平时逆水航行

时间是顺水航行时间的 2 倍. 有一天下暴雨后,水速为原来水速的 2 倍,往返时间为 30 h,求 A、B 之间的距离和原来水速.

解 已知船速为 9 km/h,设原来水速为 x km/h,A、B 之间的距离为 y km,则船的顺速为 $9+x$,逆速为 $9-x$. 下暴雨后水速为 $2x$,船的顺速为 $9+2x$,逆速为 $9-2x$. 依题设条件可得方程组:

$$\begin{cases} \dfrac{2y}{9+x}=\dfrac{y}{9-x}, & (1) \\[3mm] \dfrac{y}{9+2x}+\dfrac{y}{9-2x}=30. & (2) \end{cases}$$

因距离 $y\neq 0$,由方程(1)得 $\dfrac{2}{9+x}=\dfrac{1}{9-x}$,化简得

$$2(9-x)=9+x, \quad x=3,$$

代入方程(2)得

$$\frac{y}{15}+\frac{y}{3}=30, \quad y+5y=450, \quad 6y=450, \quad y=75.$$

即 A、B 之间的距离为 75 km,原来水速为 3 km/h.

例 2 今知某船从 A 到 B 往返一次需 2 h,每小时的顺速比逆速多行 8 km,已知船第一个小时比第二个小时多行了 6 km,求 A 到 B 的距离和船速.

解 因船往返 A、B 仅需 2 h,设船速为 x km/h,水速为 y km/h,则顺速为 $(x+y)$ km/h,逆速为 $(x-y)$ km/h. 因顺水快,逆水慢,所以设第一个小时船从 $A\to B\to C$,设第二个小时船从 $C\to A$,令 $AB=s$,$BC=z$,如图 2-23 所示.

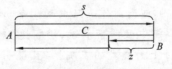

图 2-23

由于船顺速比船逆速每小时多行 8 km,可设方程

$$(x+y)-(x-y)=8,$$

得 $2y=8$,$y=4$,即水速 $y=4$ km/h,于是顺速为 $(x+4)$ km/h,逆速为 $(x-4)$ km/h.

又由题设知,船第一个小时比第二个小时多行 6 km,得方程

$$(s+z)-(s-z)=6,$$

得 $2z=6$,$z=3$,即 $BC=3$ km. 从图 2-23 及上述条件可得方程组:

$$\begin{cases} x-4=s-3, & (1) \\[3mm] (x+4)\left(1-\dfrac{3}{x-4}\right)=s. & (2) \end{cases}$$

由方程(1)得 $s=x-1$,代入方程(2)得

$$(x+4)\left(1-\frac{3}{x-4}\right)=x-1, \quad (x+4)(x-7)=(x-1)(x-4),$$

$$x^2-3x-28=x^2-5x+4, \quad 2x=32, \quad x=16,$$

代入方程(1)得

$$s=15.$$

因此,所求船速为 16 km/h, A、B 之间的距离为 15 km.

例 3 某船在河上第一次顺流航行 60 km 后再逆流航行 120 km,共用时 10 h,第二次顺流航行 120 km 后再逆流航行 80 km 也用时 10 h,求船速和水速.

解 分析如图 2-24 所示.

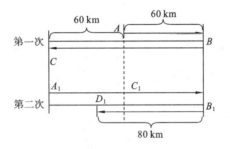

图 2-24

设船速为 x km/h,水速为 y km/h,船第一次航行与第二次航行相比较,它们都在航行中有顺流航行 60 km 和逆流航行 60 km,当然用的时间也相同,而余下航行用的时间也相同.由图 2-24 可看出第一次从 A 到 C 的逆行时间与第二次从 A_1 到 C_1 的顺水航行时间加上 C_1 到 D_1 的逆行时间相同,依题意得方程组:

$$\begin{cases} \dfrac{60}{x+y}+\dfrac{20}{x-y}=\dfrac{60}{x-y}, & (1)\\[2mm] \dfrac{60}{x+y}+\dfrac{120}{x-y}=10. & (2) \end{cases}$$

由方程(1)得

$$\frac{60}{x+y}=\frac{40}{x-y}, \quad x=5y,$$

代入方程(2)得

$$\frac{60}{6y}+\frac{120}{4y}=10,$$

解得 $y=4$,再代入方程(1)得 $x=20$.

因此,船速为 20 km/h,水速为 4 km/h.

注　可直接依题意得方程组 $\begin{cases} \dfrac{60}{x+y}+\dfrac{120}{x-y}=10 \\ \dfrac{120}{x+y}+\dfrac{80}{x-y}=10 \end{cases}$ 求解.

例 4　有一游艇从 A 地出发,顺江而下去某地后再返回 A 地,刚好用时 1 h. 已知艇速为 6 km/h,水速为 1 km/h,问某地离 A 地多远? 游艇下行多少时间返回的?

解　设某地离 A 地有 x km,下行时间为 y h,则返回时间为 $(1-y)$ h. 因艇速为 6 km/h,水速为 1 km/h,则顺速为 7 km/h,逆速 5 km/h,于是得方程组

$$\begin{cases} 7y=x, & (1) \\ 5(1-y)=x. & (2) \end{cases}$$

由方程 (1) 和方程(2)得

$$7y=5(1-y), \quad y=\frac{5}{12},$$

代入方程(1)得

$$x=\frac{35}{12}=2\frac{11}{12}.$$

因此,某地离 A 地为 $2\dfrac{11}{12}$ km,游艇往返过程中,下行时间为 $\dfrac{5}{12}$ h.

例 5　A、B 两港相距 360 km,气垫船往返两港需 35 h,逆水航行比顺水航行多花 5 h. 现有一机械船的船速为 12 km/h,求该船往返 A、B 两港需多长时间.

解　设气垫船的船速为 x km/h,水速为 y km/h,若顺水航行时间为 t h,则逆水航行时间为 $(t+5)$ h. 又因 $t+t+5=35$,所以 $t=15$ h,即顺水航行时间为 15 h,逆水航行时间为 20 h. 由题设可得方程组:

$$\begin{cases} 15(x+y)=360, & (1) \\ 20(x-y)=360, & (2) \end{cases}$$

解得 $x=21, y=3$. 因此水速为 3 km/h.

又因机械船的船速为 12 km/h,于是机械船顺速为 15 km/h,逆速为 9 km/h,所以机械船往返的时间为

$$\left(\frac{360}{15}+\frac{360}{9}\right) \text{h}=(24+40)\text{ h}=64\text{ h},$$

即机械船往返 A、B 两港的时间为 64 h.

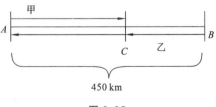

　　(1) A、B 两港相距 130 km,一气垫船从 B 港逆行 6.5 h 到达 A 港.已知气垫船速为 23 km/h,问气垫船从 A 港到 B 港顺行需多长时间?

　　(2) 某船第一次顺水航行 42 km 后又逆行 8 km,共用时 11 h,第二次顺水航行 24 km 后再逆水航行 14 km,也用时 11 h,求船速和水速.

　　(3) 例 4 中,若游艇先逆水而上及时回到 A 地,刚好用时 1 h,问游艇是到何地后返回的? 上行用了多长时间?

　　(4) 游艇顺水而下时顺速为 7 km/h,逆水而上时逆速 5 km/h,两游艇从 A 地同时出发,一艘顺水而下然后返回出发处,另一艘逆水而上然后返回出发处,1 h 后它们同时回到出发地,问两艘游艇在 1 h 内有多少时间航行方向相同?

6.3.3　相遇问题

　　我们在前面介绍了线性型中相遇和追及问题,这里略述一下航行中的相遇问题,仅介绍数例,请读者思考比较,从中深悟异同之处.

　　例 1　甲船划速为 20 km/h,乙船划速为 25 km/h,两船分别从 A、B 两地同时相向而行,甲船从 A 地顺流而下,乙船从 B 地逆流而上,A、B 两地相距 450 km,两船相遇后,经过 20 h 乙船到达 A 地,求河流水速.

　　解　如图 2-25 所示,设水速为 x km/h,甲船顺速为 $(20+x)$ km/h,乙船逆速为 $(25-x)$ km/h,两船 t h 后相遇,依题设可得方程组:

$$\begin{cases} (20+x)t+(25-x)t=450, & (1) \\ (20+x)t=(25-x)\times 20. & (2) \end{cases}$$

图 2-25

由方程(1)得

$$20t+25t=450, \quad t=10,$$

代入方程(2)得

$$(20+x)\times 10=(25-x)\times 20,$$

$$20+x=50-2x, \quad x=10,$$

即水速为 10 km/h.

例 2 甲船船速为 16 km/h,从 A 港出发开往 B 港,开出 3 h 后乙船从 A 港出发开往 B 港,经过 12 h 航行甲、乙同时到达 B 港,问乙船船速是多少?

解 分析如图 2-26 所示.若甲船航行 3 h 后到达 C 地,甲从 C 地乙从 A 地同时同向出发开往 B 地,已知甲船船速为 16 km/h,设乙船船速为 x km/h,所以有方程

$$12x=16\times12+16\times3,$$

解得 $x=20$,即乙船船速为 20 km/h.

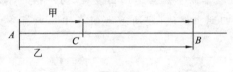

图 2-26

> **注** 甲、乙两船同向航行时,相同时间内航行距离差不受水速影响,而只与船速有关,与水速无关.

例 3 长江上 A、B 两港相距 45 km,现有速度相同的甲、乙两艘客轮,每天从 A、B 两港同时相对开出,一天甲轮从上游 A 港开出时掉了一物品,顺水而下,4 min 后掉下的物品离甲船 1 km,问此掉下的物品何时与乙船相遇呢?

解 设船速为 x km/h,水速为 y km/h,顺速为 $(x+y)$ km/h,逆速为 $(x-y)$ km/h,又设掉下的物品与乙船在出发 t h 后相遇,物品的速度为 0,依题设条件,可得方程组:

$$\begin{cases} (x+y)\cdot\dfrac{4}{60}-\dfrac{4}{60}y=1, & (1) \\[2mm] ty+(x-y)t=45. & (2) \end{cases}$$

由方程(1)得 $4x=60$,$x=15$,代入方程(2)得

$$ty+(15-y)t=45, \quad 15t=45, \quad t=3,$$

即掉下的物品与乙船出发后 3 h 相遇.

例 4 海上 A、B 两港,某天有一客轮和货轮分别从 A、B 两港同时相向而行,经过 6 h 两轮相遇,客轮继续航行 4 h 到达 B 港,问相遇后货轮需多少小时可到达 A 港?

解 分析如图 2-27 所示.

设客轮船速为 x km/h,货轮船速为 y km/h,若两轮经 6 h 相遇于 C 地,又设货轮相遇后经 t h 到达 A 港,由图 2-27 可得方程组:

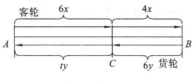

图 2-27

$$\begin{cases} 4x=6y, & (1) \\ 6x=ty. & (2) \end{cases}$$

由方程(1)得 $x=\dfrac{3}{2}y$，代入方程(2)得 $9y=ty$．因 $y\neq0$，所以 $t=9$，即货轮相遇后经 9 h 航行可到达 A 港．

思考题

(1) 甲、乙两船由海上 A、B 两港分别同时出发，相向而行，两港相距 396 km，甲轮速度为 0.3 km/min，经过 8 h 两船相距 84 km，问乙船速是多少？

(2) 甲、乙两船船速分别为 21 km/h 和 15 km/h，甲船从 A 港、乙船从 B 港同时相向而行，经 3.5 h 相遇，如果它们从 A、B 两港同时同向开往 C 港时，问何时能相遇呢？

(3) A、B 两港相距 90 km，甲、乙两船分别从 A、B 两港同时起航，如果同向航行 15 h，甲船追上乙船；如果相向航行 3 h 时相遇，求两船的船速．

(4) 若甲船船速为 20 km/h，乙船船速是甲船船速的 $\dfrac{4}{5}$，两船都从 A 港开往 B 港，乙船早 2 h 出发，问甲船经过多长时间才追上乙船呢？

6.4　其他问题

在小学数学中常有年龄、盈亏、和差等问题，这些都用公式法来计算求解，耗费了学生大量时间和精力，时间长了，公式就忘了．若用方程法求解，不仅简便省力，而且终身受益，在此略举一二．

6.4.1　年龄问题

例 1　今年父亲的年龄是儿子年龄的 6 倍，16 年后父亲年龄是儿子年龄的 2 倍，问父、子现在年龄各是多少？

解　因父、子年龄每年都增加 1 岁，若干年后父、子年龄增加岁数相同．设父亲

今年为 x 岁,儿子今年为 $\frac{x}{6}$ 岁,依题设可得方程

$$x+16=2\left(\frac{x}{6}+16\right), \quad 3x+48=x+96, \quad 2x=48, \quad x=24,$$

即父亲今年为 24 岁,儿子今年为 $\frac{24}{6}=4$ 岁.

> **注** 若设父亲今年为 x 岁,儿子今年为 y 岁,依题意可得方程组:
> $$\begin{cases} x=6y, \\ x+16=2(y+16), \end{cases}$$
> 解方程组得 $x=24, y=4$,即父亲今年 24 岁,儿子今年 4 岁.

例 2 王勇说:"我 12 年以后的年龄相当于我爸爸 15 年前的年龄,而今年爸爸的年龄正好是我年龄的 4 倍."问 3 年后王勇和他爸爸的年龄各是多少?

解 因每年年龄增加都是 1 岁,在此用方程组求解. 设王勇爸爸今年是 x 岁,王勇今年是 y 岁,依题设有

$$\begin{cases} x=4y, & (1) \\ x-15=y+12. & (2) \end{cases}$$

将方程(1)代入方程(2),得

$$3y=27, \quad y=9,$$

代入方程(1)得 $x=4\times9=36$.

因此,3 年后王勇爸爸的年龄是 39 岁,王勇的年龄是 12 岁.

例 3 今年爷爷、儿子、孙子三人的年龄之和为 140 岁,爷爷年龄等于孙子年龄的月数,如果每年按 364 天计算,儿子年龄所经过的星期数等于孙子年龄所经过的天数,问爷爷、儿子、孙子的年龄各是多少?

解 因为一年有 12 个月,一年 364 天的星期数为 $364\div7=52$ 个. 设爷爷现年 x 岁,儿子现年 y 岁,孙子现年 z 岁,依题设得方程组:

$$\begin{cases} x+y+z=140, & (1) \\ x=12z, & (2) \\ 52y=364z. & (3) \end{cases}$$

将方程(2)、(3)代入方程(1)得

$$12z+7z+z=140, \quad z=7.$$

将 $z=7$ 代入方程(2)得

$$x=12\times7=84.$$

将 $z=7$ 代入方程(3)得

$$y=49.$$

所以,爷爷今年 84 岁,儿子今年 49 岁,孙子今年 7 岁.

◈◈ 思考题

（1）10 年前父亲年龄是儿子年龄的 7 倍,15 年后父亲年龄是儿子年龄的 2 倍,问父、子年龄各是多少?

（2）父亲今年 37 岁,儿子今年 9 岁,问几年后父亲年龄是儿子年龄的 3 倍?

（3）哥哥 5 年前年龄等于弟弟 7 年后的年龄,哥哥 4 年后的年龄与弟弟 3 年后年龄之和是 43 岁,问哥哥和弟弟现在的年龄各是多少?

（4）小明一家四口人,今年年龄之和为 126 岁,爷爷比爸爸大 26 岁,妈妈比爸爸小 3 岁,5 年前全家年龄之和为 107 岁,问今年爷爷、爸爸、妈妈和小明的年龄各是多少?

6.4.2 盈亏问题

盈亏是生活中常遇到的现象,如"差多少"、"多多少"、"赚多少"、"亏多少"、"涨多少"、"跌多少"等等,在此略举数例.

例 1 某学校组织学生春游,若每辆车坐 25 人,有 15 人没座位坐,若改为每车坐 30 人,却有一辆车空出 25 个座位没人坐,问车和人数各是多少?

解 设学生人数为 x,车辆数为 y,于是可得方程组:

$$\begin{cases} 25y=x-15, & (1) \\ 30y=x+25. & (2) \end{cases}$$

由方程(1)得

$$x=25y+15,$$

代入方程(2)得

$$30y=25y+15+25,$$

即

$$5y=40, \quad y=8,$$

代入方程(1)得

$$25\times8=x-15, \quad x=215,$$

即车辆数为 8 辆,学生人数为 215 人.

例 2 某地要修一条公路,如果某工程队每天修路 30 m,可提前 2 天完成;如果每天修路 35 m,可提前 5 天完成,问公路长是多少米? 计划完工天数是多少?

解 设公路长为 x m,计划 y 天完成,依题设有方程组:

$$\begin{cases} x=30(y-2), & (1) \\ x=35(y-5). & (2) \end{cases}$$

由方程(1)代入方程(2)得

$$30(y-2)=35(y-5),$$
$$30y-60=35y-175,$$
$$5y=115,$$
$$y=23.$$

将 $y=23$ 代入方程(1)得

$$x=30(23-2)=630.$$

所以,公路长为 630 m,计划 23 天完成.

例 3 有一批水果运费为 1000 元,水果报损了 100 斤,若按 2 元/斤出售要亏 500 元,若按 3 元/斤出售时,可获利 1000 元,问原水果是多少斤?

解 设原水果 x 斤,进货费用 y 元,依题设有方程组:

$$\begin{cases} 2(x-100)-1000-y=-500, & (1) \\ 3(x-100)-1000-y=1000, & (2) \end{cases}$$

化简得

$$\begin{cases} 2x-y=700, & (3) \\ 3x-y=2300. & (4) \end{cases}$$

由方程(3)得 $y=2x-700$,代入方程(4)得

$$3x-2x+700=2300,$$

解得 $x=1600$,则

$$y=2\times1600-700=2500.$$

因此,原水果为 1600 斤,进货费用为 2500 元.

例 4 有一批物品按标定价出售可获利 960 元,若按标定价打 8 折(80%)出售,将亏损 830 元,问物品成本是多少?

解 设物品成本为 x 元,按标定价出售的收入为 y 元.依题设,可得方程组:

$$\begin{cases} y-x=960, & (1) \\ 0.8y-x=-830. & (2) \end{cases}$$

由方程(1)得

$$y=960+x,$$

代入方程(2)得

$$0.8(960+x)-x=-830.$$
$$2x=15980,$$
$$x=7990.$$

所以,物品成本为 7990 元.

例 5 某商店购进一批鞋子,每双进价 65 元,售出价 74 元,还剩余 5 双,除去成本外能获利 440 元,问购进的鞋子是多少双?

解 设购进鞋子为 x 双,依题设有方程:
$$74(x-5)-65x=440,$$
$$74x-370-65x=440,$$
$$9x=810,$$
$$x=90.$$

所以,购进的鞋子为 90 双.

思考题

(1) 有一水井不知井深多少,某小朋友这样测井深:首先将长绳子对折后,把绳子一端系上一石头,放入井底,水面上的绳长 5 m,然后又将绳子三折后,在一端上系一石头,放入井底,水面上绳长为 1 m,你能告诉我井深多少?

提示:设井深 x,根据条件列方程得 $2(x+5)=3(x+1)$.

(2) 一天王山家来了许多客人,给 4 个小孩每人 4 颗糖,给大人每人 2 颗糖,还余 4 颗糖;如果给两个小女孩 5 颗糖外,其余每人给 3 颗,还差 3 颗,问客人有多少? 糖有多少颗?

(3) 某校有部分学生住宿舍,若每两人住一间房,还缺两间房,即 4 人无房住;若每间房住 3 人,正好多余 4 间房,问需住宿的学生有多少人? 房间有多少间?

(4) 有一群人去餐馆用餐,若都买 5 元一盒的饭,还余 6 元;若都买 7 元一盒的饭,还差 10 元,问有多少人? 共有多少钱?

(5) 今用正方形砖块排成一个大正方形时,砖余 32 块;若改排为一个较大的正方形,每边比原来的边多一块砖时,又缺砖 59 块,求原有砖多少块.

6.4.3 和、差、倍及其他

我们在生活中常常遇到:若干个事物之间有着错综复杂的关系,在这些关系中有最显而易见的一些关系,如和、差、倍、积、商等,在此仅举例说明其求解方法,以扩大视野.

例 1 今有两正数之和为 96,而两正数之差为 28,问两正数各是何数?

解 设两正数分别为 x,y,于是有方程组:
$$\begin{cases} x+y=96, & (1) \\ x-y=28. & (2) \end{cases}$$

由方程 $(1)+(2)$ 得
$$2x=124, \quad x=62.$$

由方程 $(1)-(2)$ 得

$$2y=68, \quad y=34.$$

因此,所求正数为 62 和 34.

注   在小数数学中用公式来求两数:

(和+差)÷2=大数;

(和-差)÷2=小数.

例2   某年级有学生 181 人,甲班比乙班多 2 人,丙班比乙班多 3 人,丁班和乙班人数相等,问每班各有多少人?

解   设甲、乙、丙、丁各班人数依次为 x,y,z,t,由题设有方程组:

$$\begin{cases} x+y+z+t=181, & (1) \\ x-y=2, & (2) \\ z-y=3, & (3) \\ t=y. & (4) \end{cases}$$

由方程(2)得 $y=x-2$,代入方程(3)得 $z=x+1$,代入方程(4)得 $t=x-2$.

再将 y,z,t 的代数式,代入方程(1)得

$$x+x-2+x+1+x-2=181, \quad 4x=184, \quad x=46,$$

因此

$$y=46-2=44,$$
$$z=46+1=47,$$
$$t=46-2=44.$$

所以甲班有学生 46 人,乙班有学生 44 人,丙班有学生 47 人,丁班有学生 44 人.

思考题

(1)已知王灿的钱比李明的钱多 27 元,如果让李明的钱比王灿的钱多 5 元,那么王灿要给李明多少钱呢?

提示:① 可设王灿、李明的钱为 x、y,再设王灿给李明钱数为 t 元,依题设列方程求解.

② 可将王灿手中多出的钱拿出后,两人手中的钱相等了,再分配 27 元钱,设给李明 x 元,王灿留下 y 元,再列方程求解.

(2)若甲、乙两人的钱数之和为 10000 元,如果甲给乙 500 元,甲、乙手中的钱数相等,问甲、乙手中的钱各是多少?

(3)甲、乙、丙三人共有钱 275 元,甲的钱比乙的钱的 3 倍多 2 元,丙的钱比乙的钱的 2 倍少 3 元,问甲、乙、丙三人各有多少钱?

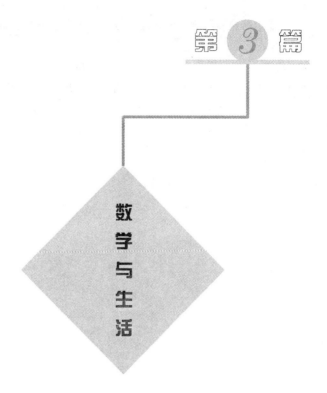

第 **3** 篇

数学与生活

数学是锤炼思想的体操。

——加里宁

数学家为了发现自己的定理和方法也常常利用模型、物理的类比,注意许多单个的十分具体的实例等等,所以这些都是理论的现实来源,有助于发现理论的定理,但是每个定理最终地在数学中成立只有当它已从逻辑的推论上严格地被证明了的时候。

——A. D. 亚历山大洛夫

科学飞快地发展,社会迅速进步,随着电子时代的到来,信息传递的加快,空间距离变近了,时间价值变高了,"寸金难买寸光阴"不再是虚拟之词,生活在这个时代,数学与人的关系更加密切了,人离不开社会生活,生活又少不了数学,数学能帮助我们变得更聪明,赢得更多时间,获得更好决策,取得更好结果.

为此向读者简单介绍三方面内容:图与网络、运筹帷幄、万众择优.

第7章

图 与 网 络

图论是一门既古老又年轻且充满活力的数学学科,远于 18 世纪就有图论问题出现.1736 年,瑞士数学家 L. 欧拉(Leonhard Euler,1707—1783)用图论解决了哥尼斯堡(Königsberg)七桥问题 .一个世纪后,爱尔兰数学家哈密顿(William Rowam Hamilton,1805—1865)于 1859 年提出一个游戏问题——周游世界问题,也是一个图论问题.

图论问题虽然很早就产生了,但图论的理论却经过了两个世纪才建立.1936 年 D. 哥尼科(Deres König)出版他的著作《有限图和无限图的理论》后,图论发展十分迅速,特别是随着计算机的出现,图论应用得更加广泛,更充满活力,不仅在计算机的诸多领域中,如开关理论、逻辑设计、人工智能、数据结构、程序、信息检索等,还在其他学科方面,如通信工程、语言学、社会学、经济学、遗传学等都有应用,所以图论已渗入社会生活的各个方面,如今天的"网络"一词一样已成为一个普通的词汇.

7.1 图论起源

7.1.1 七桥问题

18 世纪东普鲁士有一个城市叫哥尼斯堡,后属于立陶宛,又称为加里宁格勒,位于普雷格尔(Pergel)河畔,河中有两个小岛,岛上修建了一个美丽的教堂,共修建了七座桥,如图 3-1(a)所示.

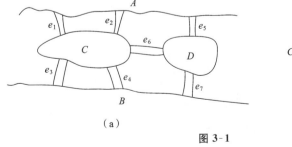
(a)

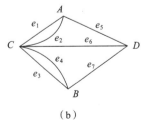
(b)

图 3-1

每天去岛上的游客很多,特别在周日哥尼斯堡的市民去岛上教堂做礼拜,散步游玩,于是人们产生了一种奇妙的想法:能否找一条路,使自己从居住地出发走过七座桥,每座桥仅走一次,再回到居住地? 此问题称为七桥问题.当时全城居民都热衷于寻找此问题的解答,问题看似简单,却没有一人能解决该问题.七桥问题便成了图论中最古老的问题.

瑞士数学家欧拉得知后,他冷静地思考千万人试走失败的原因,他没有沿前人的路继续思考,却大胆地提出一个猜想:那条路根本不存在.为证明猜想,1738 年他将四块陆地用四个点 A、B、C、D 表示.七桥用连接两点的七条线表示,如图 3-1(b)所示.

这样,七桥问题就变成由点和线组成的一个图,从图上任意一点出发,经过每一条线一次且仅一次,而返回原点的回路是否存在? 问题变得简洁明了.欧拉利用图 3-1(b)解决了七桥问题,指出这条回路是不存在的.如果存在,那么这条路必满足条件:进入每块陆地上桥的数目等于离开该陆地上桥的数目,即每块陆地上桥的数目为偶数,但是七桥问题中每块陆地上桥的数目都是奇数,即图 3-1(a)中陆地 A、B、C、D(图 3-1(b)中 A,B,C,D)上的桥的数目依次为 3,3,5,3,所以回路不存在.

欧拉不仅解决了七桥问题,而且在此问题的基础上找到了一个图存在这样回路的充要条件,在 1736 年发表了该论文,成为图论的第一篇论文,其研究奠定了图论的基础,人们称他为图论之父.

七桥问题,欧拉从理论上早已解决了,详见 1.3 节.

思考题　在法国巴黎有一条河,河中有两个小岛,通往岛上有几座桥,如图所示.

（1）你能否看出,从某地出发走过每座桥一次且仅一次,最后返回原地的回路是否存在呢? 如果不存在时,你能增建最少几座桥后,该回路就存在了呢?

（2）图中是否存在从 A 岸出发,经过每座桥一次且仅一次后到达 B 岸的一条回路呢?

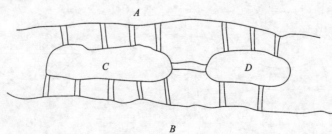

7.1.2 周游世界问题

1859 年,爱尔兰数学家威廉·哈密顿提出了一个游戏问题:用一个正 12 面体的 20 个顶点代表 20 个城市,如图 3-2(a)所示,从某城市出发沿着多面体的棱旅行,且每个城市恰好只经过一次,最后回到出发地(城市).寻找这种旅行路线是否存在? 这个游戏当时风靡一时.

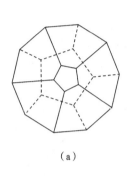 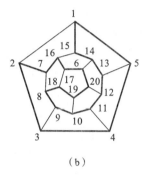

（a）　　　　　　　　　　　　　　　（b）

图 3-2

如果将 12 面平展(拉平)成一个平面图,如图 3-2(b)所示,若从某一点出发,沿边行走到另一顶点,经过每个顶点一次且仅一次,最后回到出发点,该路线称为哈密顿回路.显知,图 3-2(b)中的哈密顿回路是存在的,如图 3-2(b)中粗线所示.

不是任何一个图形中都可以找到哈密顿回路的.例如有 9 个城市,城市间有公路相连,如图 3-3 所示,A、B、C、D、E、F、G、H、I 表示城市,线 AB、BC、CD、DE、EB、EF、FA、FI、EH、DG、GH、HI 表示公路.从某点(城市)出发,沿公路行走,经过每点(城市)一次且仅一次,最后回到出发点,这种回路显然不存在.

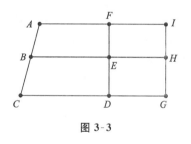

图 3-3

从周游世界问题也导出图论中的另一个问题,但什么样的图才有哈密顿回路呢? 该问题至今仍没有一个满意的结果.

7.2　图的基本概念

大家知道许多几何图形,如三角形、四边形、圆、椭圆等各类图形,有相等、相似等性质,它们在生产、生活中有许多用处.机器、房屋、桥梁、器具都要根据设计图纸进行制作和建造,在设计和制作中都离不开上述几何图形的各种性质.但图的妙用还远远不只是这些,图还可以帮助人们解决许多其他实际问题. 例如,欧拉用图(见图 3-1(a))的另一个特性——点与边(线)之间的关系表示两岸、小岛和桥之间的关系,解决了古老的七桥问题. 同样,哈密顿用平面图形(见图 3-2(b))上的点和边表示 20 个城市和通路的关系解决了周游世界的游戏问题. 为此,下面介绍这类图的一些基本概念.

7.2.1 什么叫图

在现实世界中有许多事物,如人、物、机器、产品等,也有许多现象,如交通运输、销售商品、家庭中人员组成、单位间往来等,事物与事物之间,现象与现象之间,事物与现象之间,都有某种联系,这些联系可用平面上的图形表示出来,再从图上来研究这种联系,从中找出规律,这就是图论的研究内容. 这些图形就是一种图. 如前面七桥问题中的图 3-1(b)和周游世界问题中的图 3-2(b)都是图.

下面再举例说明.

例 1 某地有一所学校学生张明、李光、王慧、赵专、许亮都在该校上学,他们上学的路线用一个平面图形表示,如图 3-4 所示.

例 2 宇宙中地球与水星、地球与金星、水星与金星、地球与火星的关系可用一个平面图形表出,如用点 A、B、C、D 依次表示地球、水星、金星和火星,用线(直线或曲线)来表示地球与水星、地球与金星、水星与金星、地球与火星的关系,如图 3-5(a)、(b)、(c)、(d)所示.

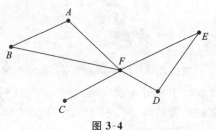

图 3-4

A——张明家　　B——李光家　　C——王慧家
D——赵专家　　E——许亮家　　F——学校
AB、AF、BF、CF、EF、DE、DF 表示道路

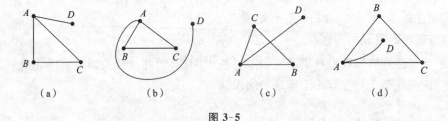

(a)　　　　(b)　　　　(c)　　　　(d)

图 3-5

注 这些平面图的形状各异,但都表示地球、水星、金星、火星之间的关系是一致的,我们认为它们是一样的,即构造相同,称它们是同构的.

例 3 某校有三个课外活动小组:篮球组、足球组和科学组,已知张、王、李、赵、陈同学报名参加课外活动小组,其中张、李、赵同学参加足球组;赵、陈、王、李同学参加篮球组;张、王、陈同学参加科学组.他们参加课外活动小组的情况是一个图.

若用点 A_1、A_2、A_3、A_4、A_5 依次表示张、王、李、赵、陈同学,用点 u_1、u_2、u_3 依次表示足球组、篮球组、科学组,用线 A_iu_j 表示 A_i 参加 u_j 小组,于是可得它们的关系如图 3-6 所示.

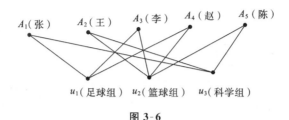

图 3-6

例 4　某城市的三个区 A、B、C 已接收水(n_1)、电(n_2)、煤气(n_3)供应,可用图表示,如图 3-7(a)或(b)所示.显然,图 3-7(a)与图 3-7(b)是同构的.

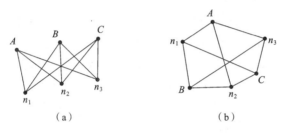

（a）　　　　　　　　　　（b）

图 3-7

例 5　今有四个城市 A、B、C、D,其公路交通情况如下:A、B 城之间的距离为 30 km,B、C 城之间的距离为 28 km,A、C 城之间的距离为 60 km,B、D 城之间的距离为 19 km,C、D 城之间的距离为 15 km,D 城的环城公路为 8 km,可用图 3-8 表示.

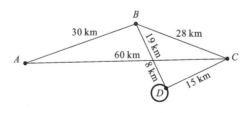

图 3-8

例 6　某工厂每月生产的产品分别由 A 地运送到 B、C、D 三个城市,然后再分别送往各地的销售点销售.运输线路为:8 吨送到 B 市,10 吨送到 C 市,9 吨送到 D 市,再从 B 市给销售点 E 和 F 各送 4 吨,从 C 市给销售点 F 和 G 各送 5 吨,D 市给销售点 G 送 6 吨,余下的给销售点 H.运输情况可用图 3-9 表示.

例7 某家庭里祖父有子女三人,老大家有一女一子和孙子一人,老二家有两个女儿,老三有一个儿子,可用图 3-10 表示如下:

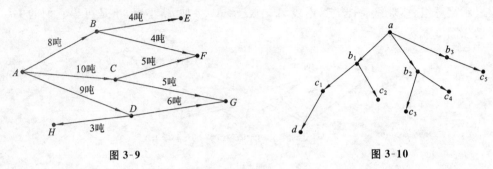

图 3-9　　　　　　　　　　　　图 3-10

从上述例中可以看出:图就是用点表示事物、现象等,若事物与事物之间、现象与现象之间、事物与现象之间有某种联系,便用一条线(直线或曲线)把它们连接起来,这样便成为一个图,它表示所需要研究的对象及内在联系.这种图一般可用平面图形表示出来,它是由两部分组成的:一部分是由一些点组成的,称点为结点或顶点,简称为点,所有的点称为点集,如图 3-1(b)中的点 A、B、C、D,其点集为 $\{A,B,C,D\}$;另一部分为连接点之间的线(直线或曲线),称它为边,如图 3-1(b)中的 $e_1,e_2,e_3,e_4,e_5,e_6,e_7$,其中 e_1、e_2 是连接点 C、A 之间的边,e_3、e_4 是连接 C、B 之间的边,e_5 是连接 A、D 之间的边,e_6 是连接 C、D 之间的边,e_7 是连接 B、D 之间的边,边集为 $\{e_1,e_2,e_3,e_4,e_5,e_6,e_7\}$.

又如图 3-5 中,点集为 $\{A,B,C,D\}$,点间的边 AB,AD,AC,BC 一般用点对表示,记为 $(A,B),(A,D),(A,C),(B,C)$,于是边集为

$$\{(A,B),(A,D),(A,C),(B,C)\}.$$

因此,图是由点集和边集组成的.图用大写字母表示,如 G 等.

定义　设非空点集为 $V=\{v_1,v_2,\cdots,v_n\}$,边集为 $E=\{e_1,e_2,\cdots,e_m\}$,其中 $e_i=(v_{i_1},v_{i_2})$,$i=1,2,\cdots,m$,我们把由点集和边集组成的集合对 (V,E) 称为图,记为图 $G=(V,E)$,亦称它为网络图.v_i 称为图的结点,简称为点.(v_{i_1},v_{i_2}) 称为图的边,称 v_{i_1} 与 v_{i_2} 相互邻接.

例8 若图 $G=(V,E)$,其中 $V=\{a,b,c,d,e\}$,$E=\{(a,b),(a,c),(c,d),(b,e)\}$,它的平面图形如图 3-11(a)或图 3-11(b)所示.

从例8可见,一个图可用 $G=(V,E)$ 表示,也可用平面图形表示.图形表示比较直观,关系一目了然,但图的表示不是唯一的,如例 4 中的图 3-7(a)和图 3-7(b).若图用 $G=(V,E)$ 表示,其中 $V=\{A,B,C,n_1,n_2,n_3\}$,$E=\{(A,n_1),(A,n_2),(A,n_3),(B,n_1),(B,n_2),(B,n_3),(C,n_1),(C,n_2),(C,n_3)\}$,则表示图的形式是唯一的.

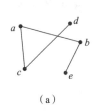

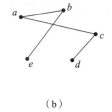

（a）　　　　　　　　　　　　　　（b）

图 3-11

思考题　　（1）将图 3-3、图 3-4、图 3-5 用 $G=(V,E)$ 的形式表示出来.

（2）某班有甲、乙、丙三人去完成三项工作,已知甲可胜任工作 a、b、c,乙可胜任工作 a、b,丙可胜任工作 b、c,用图 $G=(V,E)$ 和平面图形两种形式表出上述图来.

（3）请举出你熟知的图的实例来,且用图形表示出来.

（4）今有四个人 a、b、c、d,a 会讲中文和英语,b 会讲英语、法语和西班牙语,c 会讲西班牙语、法语和中文,d 会讲中文和法语,你能用图表示出他们讲多种语言的情况来吗?

在图 $G=(V,E)$ 中,如果边是有向的(标有箭头)或有向点对 (v_i,v_j),(v_i 为始点,v_j 为终点)的,称它为有向边,否则,称为无向边.

如果图 $G=(V,E)$ 中所有边都是有向边时,称图 G 为有向图.否则称图 G 为无向图,如图 3-9、图 3-10 为有向图,而图 3-1(b)、图 3-2(b)、图 3-3、图 3-4、图 3-5、图 3-6、图 3-7、图 3-8 等为无向图.

如果图 $G=(V,E)$ 中两点间的边数多于 1 时,称它们为多重边,称图 G 为多重图.如图 3-1(b)中的 e_1 和 e_2,为多重边,图 3-1(b)为多重图.

如果图 $G=(V,E)$ 中某点不与任何点连接时,称该点为孤立点.例如,图 $G=(V,E)$,其中 $V=\{a,b,c\}$,$E=\{(a,b)\}$,点 c 为孤立点,如图 3-12 所示.

如果图 $G=(V,E)$ 中某边的两端点相同,即始点与终点相同,则这样的边称为环,如图 3-8 中的边 (D,D) 为环.

如果图 $G=(V,E)$ 中无多重边和环时,称图 G 为简单图,如图 3-2(b)、图 3-3、图 3-4 等都是简单图.

特别地,如果图 $G=(V,\varnothing)$ 时,称它为零图.当 $|V|=1$ 时,称它为平凡图.如图 3-13(a)为零图,图 3-3(b)为平凡图.

如果图 $G=(V,E)$ 中每边上都附数字,称数为边的权.图中每边都有权时,称该图为权图,否则为无权图.如图 3-8 和图 3-9 为权图.边上的权可为城市间的距离、运费、运输量、时间、流通量等.

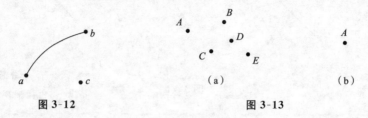

图 3-12　　　　　　　　　　　　图 3-13

权图常记为 $G=(V,E,W)$,W 为边上权的集合,若边 e 上的权为 n,边权记为 $W(e)=n$.

例 9　若权图如图 3-14 所示,边权表示两点之间的距离.

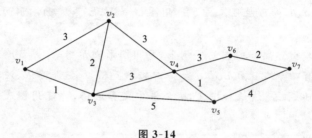

图 3-14

记 $G=(V,E,W)$,其中

$$E=\{(v_1,v_2),(v_1,v_3),(v_2,v_3),(v_2,v_4),(v_3,v_4),$$
$$(v_3,v_5),(v_4,v_6),(v_6,v_7),(v_4,v_5),(v_5,v_7)\},$$
$$W=\{3,1,2,3,3,5,3,2,1,4\}.$$

如果图 $G=(V,E)$ 中,V 可分为两部分 V_1 和 V_2,若 $V=V_1\bigcup V_2$,且 $V_1\bigcap V_2=\varnothing$,$E$ 中边的两端点中一个在 V_1 中,另一个在 V_2 中,称图 G 为二部图.

在例 3 的图 3-6 中,$G=(V,E)$,其中

$$V=\{A_1,A_2,A_3,A_4,A_5,u_1,u_2,u_3\},\quad V_1=\{A_1,A_2,A_3,A_4,A_5\},$$
$$V_2=\{u_1,u_2,u_3\},\quad V=V_1\bigcup V_2,\quad V_1\bigcap V_2=\varnothing,$$

由图 3-6 知,E 中的边一端在 V_1 中,另一端在 V_2 中,所以图 3-6 为二部图.

同样可知,例 4 中的图 3-7 也为二部图.

例 10　若图 $G=(V,E)$,其中

$$V=\{v_1,v_2,v_3,v_4,v_5,v_6,v_7,v_8,v_9,v_{10},v_{11}\},$$
$$E=\{(v_1,v_2),(v_2,v_3),(v_3,v_4),(v_4,v_1),(v_1,v_5),(v_5,v_6),(v_6,v_4),$$
$$(v_4,v_7),(v_7,v_8),(v_{10},v_5),(v_8,v_3),(v_8,v_9),(v_9,v_2),(v_2,v_{10}),$$
$$(v_{10},v_{11}),(v_{11},v_6),(v_{11},v_7),(v_{11},v_9)\},$$

判断 G 是否为二部图.

　　为方便将点集分成两部分不相交的集,首先画出 G 的平面图形,如图 3-15 所示,再将点按 1、2 分类编号,记于点旁(1)或(2).其方法为:与编号 1 对应的点记为 (1),观其结果,可记为:

$$V_1 = \{v_1, v_3, v_6, v_7, v_9, v_{10}\}, \quad V_2 = \{v_2, v_4, v_5, v_8, v_{11}\},$$

且显见边的端点多在 V_1 或 V_2 中,所以图 G 为二部图.

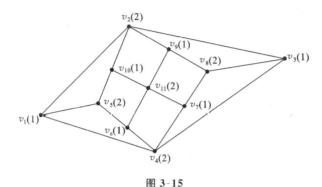

图 3-15

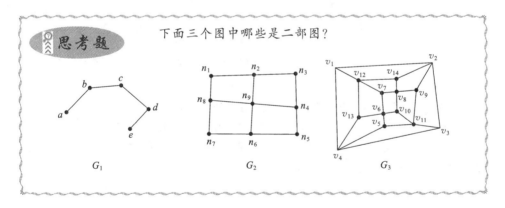

下面三个图中哪些是二部图?

G_1　　　　　G_2　　　　　G_3

7.2.2　携手定理

　　设图 $G = (V, E)$ 为无向图,$v_i \in V$ 为结点,若经过 v_i 的边数称为 v_i 的度数,记为 $d(v_i)$.

　　例如,在如图 3-16 所示的无向图中,经过结点 v_1 的边数为 4,记为 $d(v_1) = 4$;经过 v_2 的边数为 4,记 $d(v_2) = 4$;经过 v_4 的边数为 3,记 $d(v_4) = 3$;经过 v_3 的边数为 1,记 $d(v_3) = 1$;经过 v_5 的边数为 0,记 $d(v_5) = 0$.

　　设图 $G = (V, E)$ 为有向图,若 $v_i (v_i \in V)$ 为边的始点(引出点),称引出的边数为 v_i 的出度数,记为 $d^+(v_i)$;若 v_i 为边的终点(引入点),称引入的边数为 v_i 的入度数,记为 $d^-(v_i)$. 称 v_i 点的入度数和出度数的和为 v_i 点的**度数**,记为 $d(v_i)$,即 $d(v_i)=d^+(v_i)+d^-(v_i)$.

例如,有向图如图 3-17 所示.

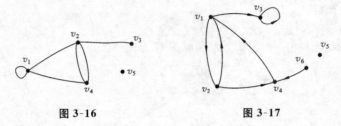

图 3-16　　　　　　　　　图 3-17

结点 v_1 引出的边数为 2,记为 $d^+(v_1)=2$;v_1 引入的边数为 2,记 $d^-(v_1)=2$;
结点 v_1 的度数 $d(v_1)=2+2=4$.

同样,可得
$$d^+(v_2)=2, \quad d^-(v_2)=1, \quad d(v_2)=3;$$
$$d^+(v_3)=1, \quad d^-(v_3)=2, \quad d(v_3)=3;$$
$$d^+(v_4)=1, \quad d^-(v_4)=2, \quad d(v_4)=3;$$
$$d^+(v_5)=0, \quad d^-(v_5)=0, \quad d(v_5)=0;$$
$$d^+(v_6)=1, \quad d^-(v_6)=0, \quad d(v_6)=1.$$

从图 3-16 中可看出,所有结点的度数和为
$$d(v_1)+d(v_2)+d(v_3)+d(v_4)+d(v_5)=12,$$
而图 G 的边数和为 5,即结点的度数和为边数和的 2 倍.

从有向图 3-17 中也可看出,结点的度数和为边数和的 2 倍.

定理 1(携手定理)　设图 $G=(V,E)$,所有结点的度数和等于所有边数和的 2 倍,若 $V=\{v_1,v_2,\cdots,v_n\}$,$|V|=n$,$|E|=m$,则
$$d(v_1)+d(v_2)+\cdots+d(v_n)=2m, \quad 即 \quad \sum d(v_i)=2m.$$

例如,在例 5 的图 3-8 中,其边数和为 6,其所有结点的度数和为
$$d(A)+d(B)+d(C)+d(D)=2+3+3+4=12=2\times6.$$

因图中的点好像一个人伸手,两手与相邻人的手相携成一边,这样点与边的关系性质称为携手定理.

由定理 1 可推出如下结论:

结论 1　任何图中结点度数为奇数的结点个数一定有偶数个.

此推论可从图形中直观看出,请读者验证.

定理 2　设图 $G=(V,E)$ 为有向图,$V=\{v_1,v_2,\cdots,v_n\}$,$|E|=m$,那么
$$d^+(v_1)+d^+(v_2)+\cdots+d^+(v_n)=d^-(v_1)+d^-(v_2)+\cdots+d^-(v_n)=m.$$

即所有结点的出度数的和与所有结点的入度数的和相等,且等于边数和.

读者可从图 3-17 或作图加以验证.

例 1　若图 G 有 11 条边,且有 4 个结点度数为 3,其余结点度数为 2,你能画出该图的图形来吗?

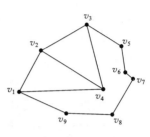

解　设 $G=(V,E)$,$|E|=11$,需求出结点数. 令 $|V|=x$,依题设和定理 1 知

$$结点度数和=4×3+(x-4)×2=2×11,$$

即

$$2x=18,\quad x=9,$$

故

$$结点度数为 2 的结点数=9-4=5.$$

因此,所求 G 的图形如图 3-18 所示.

图 3-18

思考题

(1) 自己给出有向图和无向图,验证定理 1、结论 1 和定理 2 的正确性.

(2) 设图 $G=(V,E)$,$|E|=9$,如果知道结点度数为 3 的结点有 2 个,其余结点度数都是 2,画出 G 的图形来.

7.3　欧拉图和哈密顿图

7.3.1　通路、回路和连通

1. 通路和短程

这里以无向图为例. 设图 $G=(V,E)$,如图 3-19 所示,如果从结点 v_1 出发,经过边 (v_1,v_5),(v_5,v_2),(v_2,v_3) 到达结点 v_3,称此路线为 v_1 到 v_3 的一条路,简记为 (v_1,v_5,v_2,v_3). 路所经过的边数称为路的长,它的长为 3,记路长

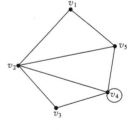

$$L(v_1,v_5,v_2,v_3)=3.$$

如果从结点 v_2 出发,经过边

$$(v_2,v_5),(v_5,v_1),(v_1,v_2),(v_2,v_4),(v_4,v_4),(v_4,v_3),(v_3,v_2)$$

到达 v_2,称此路线为结点 v_2 到结点 v_2 的一条路,简记为

$$(v_2,v_5,v_1,v_2,v_4,v_4,v_3,v_2),$$

图 3-19

路长

$$L(v_2,v_5,v_1,v_2,v_4,v_4,v_3,v_2)=7.$$

一般地,在图 $G=(V,E)$ 中由以下几条边:

$$(v_0,v_1),(v_1,v_2),\cdots,(v_{n-1},v_n)$$

组成边序列,即从结点 v_0 出发,经过边 (v_0,v_1) 到 v_1,再从结点 v_1 出发经过边 (v_1,v_2) 到结点 v_2,$\cdots$,最后从结点 v_{n-1} 经过边 (v_{n-1},v_n) 即结点 v_n,称它为从结点 v_0 出发到结点 v_n 的一条路. v_0 称为始点,v_n 称为终点.路简记为

$$(v_0,v_1,v_2,\cdots,v_{n-1},v_n).$$

经过的边数 n 称为路长,记为 $L(v_0,v_1,v_2,\cdots,v_{n-1},v_n)=n$.

如果一条路的始点与终点不同时,称它为通路.

如果一条路的始点与终点相同时,称它为回路.特别地,路 (v_i,v_i) 称为环.

例如图 3-19 中,路 (v_1,v_5,v_2,v_3) 为通路,路 $(v_2,v_5,v_1,v_2,v_4,v_4,v_3,v_2)$ 为回路,路 (v_4,v_4) 为环.

又如图 3-19 中,路 (v_1,v_2,v_3) 为 v_1 到 v_3 的一条通路,路 (v_2,v_3,v_4,v_2) 为 v_2 到 v_2 的一条回路.

如果在图 $G=(V,E)$ 中,v_i 到 v_j 的所有路中,路长最小的路称为短程,短程的长称为两点 v_i、v_j 之间的距离,记为 $d(v_i,v_j)$.

如图 3-19 中,结点 v_1 到 v_3 的路有:

$$(v_1,v_2,v_3),L(v_1,v_2,v_3)=2;$$
$$(v_1,v_2,v_4,v_3),L(v_1,v_2,v_4,v_3)=3;$$
$$(v_1,v_5,v_4,v_3),L(v_1,v_5,v_4,v_3)=3;$$
$$(v_1,v_5,v_2,v_4,v_3),L(v_1,v_5,v_2,v_4,v_3)=4;\cdots.$$

其中,路 (v_1,v_2,v_3) 为 v_1 到 v_3 的短程,v_1 到 v_3 的距离 $d(v_1,v_3)=2$.

又如例 9 中,图 3-14 为权图,边权表示结点间的距离,结点 v_1 到 v_4 之间的路有 $(v_1,v_2,v_4),(v_1,v_3,v_4),(v_1,v_2,v_3,v_4),(v_1,v_3,v_5,v_4),\cdots$.

结点 v_1 到 v_4 的路长有

$$L(v_1,v_2,v_4)=3+3=6,\quad L(v_1,v_3,v_4)=1+3=4,$$
$$L(v_1,v_2,v_3,v_4)=3+2+3=8,\quad L(v_1,v_3,v_5,v_4)=1+5+1=7,\cdots,$$

其中路 (v_1,v_3,v_4) 为短程,v_1 到 v_4 的距离 $d(v_1,v_4)=4$.

2. 连 通

如果无向图 $G=(V,E)$ 中,任何两结点间都有通路,称图 G 为连通图,或称图 G 连通.否则,称 G 不连通.特别地,称平凡图为连通图.

例 1　在图 3-20 中,(a)、(b)、(e)是连通图;(c)、(d)是不连通图.因为在(c)中,结点 1 到 2 无通路;在图(d)中,结点 d_1 到 e_1 无通路,所以它不是连通图.

如果 $G=(V,E)$ 连通且无回路,称 G 为树,记为 T.例如,图 3-20(b)是树.

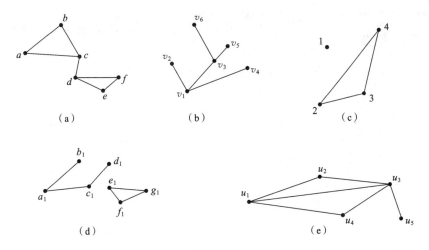

图 3-20

树有一个重要性质:若树 $T=(V,E)$,且 $|V|=n$,$|E|=m$,那么 $m=n-1$,即树的边数等于结点数减 1.

例 2　图 3-21(a)显然是树,结点数 $n=11$,边数 $m=10$. 图 3-21(b)也是树,又称它为权树.

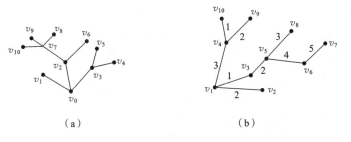

图 3-21

若图 $G=(V,E)$ 为有向图时,类似地可定义路、通路、回路,在此略述,仅举例说明.

例 3　在有向图 $G=(V,E)$(见图 3-22)中,从结点 d 到 a,有一条通路 (d,c,b,a) 即经过边 (d,c),(c,b),(b,a). 而 a 到 d 无通路,结点 b 到 b 有回路:(b,d),(d,c),(c,b),即 (b,d,c,b).

图 3-22

如果在有向图 $G=(V,E)$ 中,略去边的方向后,图 G 连通时,称有向图 G 为连通图,或称弱通图. 如图 3-22 所示,不计有向边时,G 是连通的,因此称 G 为有向图弱连通.

思考题

(1) 在图 3-20(e) 中，从结点 u_5 到 u_1 不含回路的路有多少条？短程和距离是什么？

(2) 在图 3-21 中，从结点 v_5 到 v_9 的路、短程和距离各是什么？

(3) 下面哪些图是连通的？为什么？

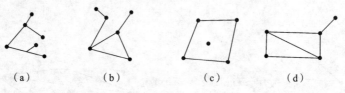

    (a)   (b)   (c)   (d)

(4) 在图 3-14 中，结点 v_1 到 v_7 的短程和距离是多少？

7.3.2 欧拉图的特点

在前面的七桥问题中，欧拉用图论方法说明：从某地出发走完七座桥，每座桥走一次且仅走一次回到出发地，这条路线是不存在的，即证明从图 3-1(b) 中任何一点出发，经过每条边一次且仅一次回到原点，这条回路是不存在的.

定义 1 设图 $G=(V,E)$ 为无向图，如果它有一条回路经过 G 的每条边一次且仅一次时，称此回路为欧拉回路. 有欧拉回路的图称为欧拉图.

定义 2 设图 $G=(V,E)$ 为无向图，如果它有一条通路，从某点出发，经过 G 的每条边一次且仅一次到达另一点时，称此通路为欧拉通路.

上述定义对有向图也适用.

例 1 设有图 $G=(V,E)$，如图 3-23 所示.

在图 3-23(a) 中存在一条欧拉回路，经过边

$$(a,d), \quad (d,c), \quad (c,b), \quad (b,d), \quad (d,b), \quad (b,a),$$

即回路 (a,d,c,b,d,b,a)，所以图 3-23(a) 是欧拉图.

在图 3-23(b) 中存在一条通路，经过边

$$(v_7,v_5), \quad (v_5,v_6), \quad (v_6,v_1), \quad (v_1,v_2), \quad (v_2,v_3),$$
$$(v_3,v_4), \quad (v_4,v_5), \quad (v_5,v_2), \quad (v_2,v_8),$$

即欧拉通路为

$$(v_7,v_5,v_6,v_1,v_2,v_3,v_4,v_5,v_2,v_8),$$

但无欧拉回路，所以图 3-23(b) 不是欧拉图.

在图 3-23(c) 中存在一条通路，经过边

$$(1,2), \quad (2,3), \quad (3,4), \quad (4,5), \quad (5,3), \quad (3,6), \quad (6,1),$$

即回路 $(1,2,3,4,5,3,6,1)$，所以有向图 3-23(c) 为欧拉图.

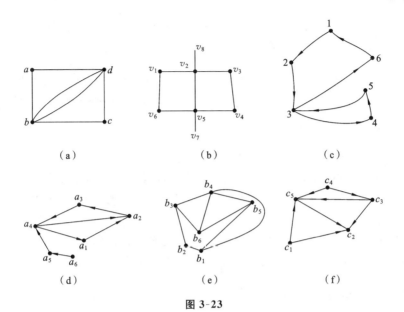

图 3-23

在图 3-23(d)中存在一条通路,经过边

$$(a_6,a_5),\quad(a_5,a_4),\quad(a_4,a_1),\quad(a_1,a_2),\quad(a_2,a_3),\quad(a_3,a_4),$$

即从点 a_6 到 a_4 经过每条边一次且仅一次的通路为

$$(a_6,a_5,a_4,a_1,a_2,a_3,a_4),$$

但不存在欧拉回路,所以图 3-23(d)不是欧拉图.

在图 3-23(e)、(f)中无欧拉回路,也没有欧拉通路.

下面仅介绍无向图中欧拉图的特征和性质,由图 3-23(a)可以得出如下定理.

定理 1　若图 $G=(V,E)$ 为无向连通图且有欧拉回路时,那么图 G 中每个结点的度数为偶数.

反之,若无向连通图 $G=(V,E)$ 中,每个结点的度数都为偶数时,那么图 G 中一定存在一条欧拉回路,即 G 为欧拉图.

证明略.

同样,由图 3-23(b)可以得出如下定理.

定理 2　若图 $G=(V,E)$ 为无向连通图,且有一条从结点 u 到结点 v 的欧拉通路,那么图 G 中除点 u、v 的度数为奇数外,其余结点度数都是偶数.

反之,若无向连通 $G=(V,E)$ 中结点 u、v 的度数为奇数,其余结点的度数为偶数时,那么图 G 一定存在一条从结点 u 到 v 的欧拉通路.

证明在 G 中添加一条虚线边 (u,v) 后,得新图 G',如图 3-24(a)所示,根据定理 1 知,G' 为欧拉图,可推出定理 2 成立.

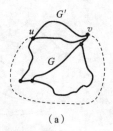 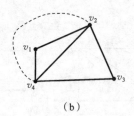

（a） （b）

图 3-24

例如图 3-24(b)中，结点 v_2、v_4 的度数为奇数，结点 v_1、v_3 的度数为偶数，若增加一条虚线边(v_2,v_4)得新图，它的各个结点的度数为偶数，新图为欧拉图，有欧拉回路$(v_2,v_3,v_4,v_2,v_1,v_4,v_2)$，由此便得通路$(v_2,v_3,v_4,v_2,v_1,v_4)$为欧拉通路.

根据上述定理 1 和定理 2 可知，七桥问题没有欧拉回路，也没欧拉通路，这是因为图 3-1(b)中结点的度数都是奇数.

7.3.3 欧拉图的应用与中国邮路问题

例 1 某邮递员管辖某街区，如图 3-25 所示，邮递员从邮局出发，将邮件送到所有街道而不重复走某街道，最后回到出发点再回到邮局. 若可能，请画出路线图.

解 此问题即讨论图 3-25 是否为欧拉图. 由于图 3-25 中的每个结点的度数都是偶数，由定理 1 可知这样的一条投递路线是存在的. 不妨设结点 v_1 离邮局最远，从 v_1 开始送邮件，投递线路为：

$$(v_1,v_2,v_3,v_4,v_5,v_6,v_7,v_8,v_9,v_2,v_{10},v_4,v_{11},v_6,v_{12},v_{16},$$
$$v_{11},v_{15},v_{10},v_{14},v_9,v_{13},v_{16},v_{15},v_{14},v_{13},v_{12},v_8,v_1).$$

值得注意的是，该投递路线不是唯一的.

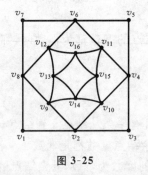 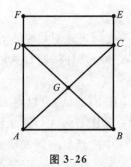

图 3-25 图 3-26

例 2 某小区的街道示意图如图 3-26 所示，洒水车每天早上在每条街道都要洒水一次，问车停在何处才能使洒水路线最合理？

解 此问题是讨论图 3-26 中是否存在一条欧拉通路，即洒水车从何处开始洒水,每条街道洒一次且仅一次,最后停在另一处.因为图 3-26 中结点 A、B 的度数是奇数,结点 C、D、E、F、G 的度数是偶数,所以存在一条欧拉通路,洒水车可停在 A 或 B 处.若洒水车从 A 处出发,洒水路线为$(A,B,C,E,F,D,A,G,C,D,G,B)$;若从 B 处出发,洒水路线为$(B,G,D,C,G,A,D,F,E,C,B,A)$.

一笔画问题在民间早已有传闻,而上述定理 1 和定理 2 是一笔画问题的理论依据.

例 3　判定图 3-27 中图形是否可以一笔连续画成而使图中没有一部分重复.

解　在图 3-27(a) 中,结点 v_3、v_4 的度数为奇数,结点 v_1、v_2、v_5 的度数为偶数,所以从结点 v_3 出发可以画出一条连续路线到结点 v_4 结束,其路线为:

$$(v_3,v_5,v_1,v_2,v_5,v_4,v_2,v_3,v_4).$$

还有很多路线,读者可试着画出.

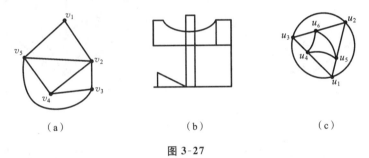

图 3-27

图 3-27(c) 是欧拉图,可以一笔画出,其中每一条欧拉回路都是一笔画出路线.请读者自行思考完成.

图 3-27(b) 不能一笔画出来,因为其中有 3 个结点的度数为奇数.

注　关于有向图的欧拉通路、回路存在的特征性质,请读者自行思考或参考其他书籍相关内容,在此不作介绍.

例 1 中谈到邮递员送邮件的路线问题中,如果邮路不是欧拉图或不存在欧拉通路时,邮递员怎样递送最合理呢?

有一个著名的中国邮路问题,于 1962 年由我国著名的数学家管梅谷提出并证明了它.该问题就是从邮局出发,在管辖的区域内走遍所有街道送邮件,最后又回到邮局,走怎样的路线使全程最短? 显知,若辖区街道图是欧拉图时,所求解的是欧拉回路;如果不是欧拉图时,如何求其解呢?

管梅谷已作了证明,在此仅介绍一个有效的简易求解方法,现举一例说明.

例 4　某邮递员将向辖区街道(见图 3-28(a))送邮件,边权表示街道的长度,问怎样走遍所有街道送完邮件时,行程最短呢?

解 因图 3-28(a)中结点 v_1、v_2、v_3、v_5 的度数都是奇数,所以图 3-28(a)不是欧拉图.在这四个结点中 v_2 到 v_3 的短程为 (v_2,v_3),距离为 2,最小.结点 v_1 到 v_5 的短程为 (v_1,v_7,v_5),且

$$L(v_1,v_7,v_5)=2+1=3, \quad d(v_1,v_5)=3.$$

我们将图 3-28(a)增加边 (v_2,v_3),(v_1,v_7) 和 (v_7,v_5) 得图 3-28(b),显然它是欧拉图,其欧拉回路为

$$(v_1,v_2,v_4,v_5,v_6,v_2,v_7,v_5,v_7,v_3,v_2,v_3,v_5,v_1,v_7,v_1).$$

沿欧拉回路送邮件是行程最短的路线.

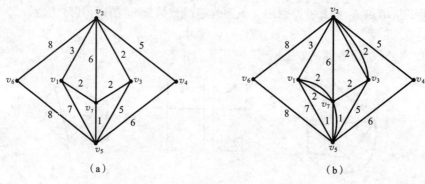

图 3-28

此例告诉了我们,求解中国邮路问题的方法为:化非欧拉图为欧拉图,使度数为奇数的结点变成度数为偶数的结点,且保证行程最短,即将短程路径的边添加到非欧拉图上得新图,此即为所求欧拉图.

思考题 (1)下面图中哪些是欧拉图?若是,请写出欧拉回路.

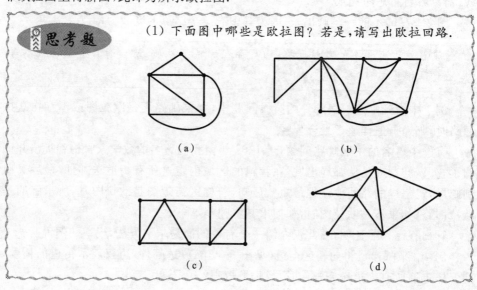

（2）下面哪些图可一笔画出？若能，请写出画时的路线来．

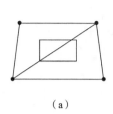　　　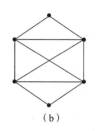　　　

　　　（a）　　　　　　　　（b）　　　　　　　　（c）

（3）求解下列中国邮路问题，即求邮递路线最短，街道图如图（a）、（b）所示．

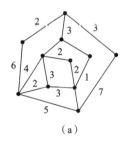　　　　　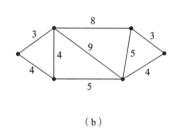

　　　（a）　　　　　　　　　　　　（b）

7.3.4　哈密顿图

3.1 节介绍了周游世界问题，即在图 3-2(b) 中经过每个点一次且仅一次，回到出发点，称为哈密顿问题．

定义 1　设图 $G=(V,E)$，如果有一条回路经过 G 中每个点一次且仅一次，回到出发点，称这条回路为哈密顿回路．具有哈密顿回路的图，称为哈密顿图．

定义 2　设图 $G=(V,E)$，如果有一条通路经过 G 中每个点一次且仅一次，这条通路称为哈密顿通路．

不难看出有许多图是哈密顿图，有许多图不一定是哈密顿图．

例 1　图 3-29 中，哪些是哈密顿图？

图 3-29(a)、(b)、(c) 都是哈密顿图．

因图中至少存在一条哈密顿回路，如图 3-29(a) 中有 (A,B,C,A)，3-29(b) 中有 (a,b,c,d,a)，图 3-29(c) 中有 $(v_1,v_2,v_3,v_4,v_5,v_1)$．

如果 $G=(V,E)$ 中，任何两结点有边相连接时，称它为完全图，图 3-29(a)、(b)、(c) 都是完全图．

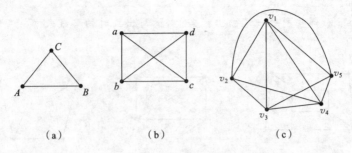

图 3-29

显知,任何完全图都是哈密顿图,哈密顿回路上的点数与边数相等.

例2 图 3-30 中,哪些是哈密顿图? 哪些不是呢?

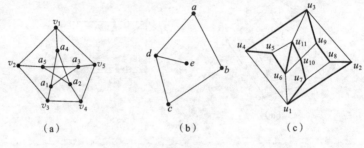

图 3-30

图 3-30(a)不是哈密顿图,因为它的每个结点的度数为 3,找不到一条哈密顿回路.图 3-30(b)也不是哈密顿图,因为结点 e 的度数为 1.图 3-30(c)是哈密顿图,因为存在一条哈密顿回路$(u_1,u_2,u_8,u_9,u_3,u_4,u_5,u_6,u_{11},u_{10},u_7,u_1)$.

例3 图 3-31 中,哪些是哈密顿图?

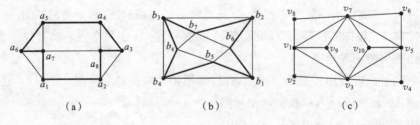

图 3-31

图 3-31(a)、(b)中有 8 个结点,可找到 8 条边构成哈密顿回路.图 3-31(a)中的回路有$(a_1,a_2,a_8,a_3,a_4,a_5,a_6,a_7,a_1)$.

图 3-31(b)中的回路有$(b_1,b_6,b_2,b_7,b_3,b_8,b_4,b_5,b_1)$.图 3-31(c)不是哈密顿图.

例 4　李明生等人去某公园游玩,公园内的景点如图 3-32 所示.他们准备去所有景点浏览,问走哪一条线路最合理?

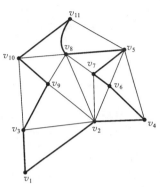

图 3-32

解　图 3-32 中结点为景点,边为景点之间的路线.如果图 3-32 为哈密顿图时,最合理的路线应为哈密顿回路.

下面找出哈密顿回路:首先找出通过结点 v_1、v_2、v_4、v_5、v_{11}、v_{10}、v_3 的一条回路.由 7 个点和 7 条边构成,回路为 $(v_1,v_2,v_4,v_5,v_{11},v_{10},v_3,v_1)$.

其次将结点 v_6、v_7、v_8、v_9 插入回路中,即将 v_6 插入 v_4 与 v_5 中,v_7 插入 v_6 与 v_5 中,v_8 插入 v_5 与 v_{11} 中,v_9 插入 v_{10} 与 v_3 中,得回路

$$(v_1,v_2,v_4,v_6,v_7,v_5,v_8,v_{11},v_{10},v_9,v_3,v_1).$$

关于哈密顿问题,目前仍未彻底解决,为此仅介绍这些.

思考题

(1) 判定下图中哪些是哈密顿图?

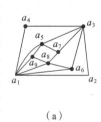

(a)

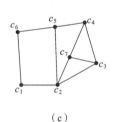

(b)　　(c)

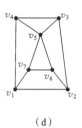

(d)

(2) 张勇兄弟一家去某区游玩,景区景点如下图所示,他们需浏览所有景点,请你为他们确定一条最合理的路线.

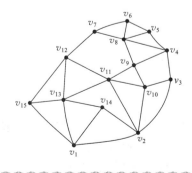

7.4 最短路问题

7.4.1 短程

从图 $G=(V,E)$ 中一点 u 到另一点 v 的通路有很多,而路程最短的那条路称为点 u 到 v 的短程. 它的长度称为 u 与 v 之间的距离,记为 $d(u,v)$.

日常生活中我们常常遇到这些问题,下面举例说明.

例 1 图 3-33 表示一幅公路网络图,边权表示运费,如果从一个城市到另一个城市送商品,问走哪一条路线最省钱?

例 2 图 3-34 表示运行网络图,边权表示运行时间,如果从某地去另一地,问走哪一条路线花时间最少呢? 需找一条花时间最少的路线来.

像这类问题很多,归纳起来就是一个求权图的最短路,即短程问题. 如求最短时间、最少运费等等,就是求点到终点之间的距离问题.

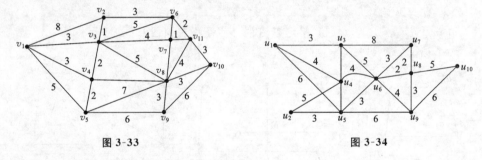

图 3-33   图 3-34

上面两例说明短程与距离是相互依存的.

7.4.2 距离

1. 点到点的距离

在 1.3 节中讲到了图中所有边长为 1 时点到点之间的距离问题,这里介绍权图中的距离问题.

设图 $G=(V,E)$ 为权图,其中 $V=\{v_1,v_2,\cdots,v_n\}$,$E=\{e_1,e_2,\cdots,e_m\}$. 边上的权记为 $w(e_i)$,$i=1,2,\cdots,m$. 权集合记为 $W=\{w(e_1),w(e_2),\cdots,w(e_m)\}$. 权图记为 $G=(V,E,W)$.

如果权图 $G=(V,E,W)$ 中点 v_i 到 v_j 的通路中各边权的和称为**通路的权**,简称为**路权**. 若通路为 $(v_1,v_2,\cdots,v_k)$,其路权记为

$$w(v_1,v_2,\cdots,v_k)=w(e_1)+w(e_2)+\cdots+w(e_k).$$

如果权图 $G=(V,E,W)$ 中点 v_i 到 v_j 的所有通路中路权最小的通路称为 v_i 到 v_j 的<u>短程</u>.短程的权称为点 v_i 到 v_j 的距离,记为 $d(v_i,v_j)$.

例 1　设权图 $G=(V,E,W)$,如图 3-35 所示,其中

$$V=\{v_1,v_2,v_3,v_4,v_5,v_6,v_7\},$$

$$E=\{(v_1,v_2),(v_1,v_4),(v_2,v_3),(v_3,v_4),(v_2,v_5),(v_4,v_6),(v_3,v_5),$$
$$(v_3,v_6),(v_5,v_6),(v_5,v_7),(v_6,v_7)\}.$$

$$W=\{8,3,2,2,3,4,4,3,3,2,4\}.$$

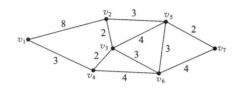

图 3-35

点 v_1 到 v_4 的通路有

$$(v_1,v_2,v_3,v_4),(v_1,v_2,v_5,v_3,v_4),(v_1,v_4),\cdots,$$

路权分别为

$$w(v_1,v_2,v_3,v_4)=w(v_1,v_2)+w(v_2,v_3)+w(v_3,v_4)=8+2+2=12,$$

$$w(v_1,v_2,v_5,v_3,v_4)=w(v_1,v_2)+w(v_2,v_5)+w(v_5,v_3)+w(v_3,v_4)$$
$$=8+3+4+2=17,$$

$$w(v_1,v_4)=3,\cdots.$$

从点 v_1 到 v_4 的所有通路中,最短路为 (v_1,v_4),即短程.点 v_1 到 v_4 的距离为

$$d(v_1,v_4)=3.$$

点 v_1 到 v_2 的通路有 $(v_1,v_2),(v_1,v_4,v_3,v_2),\cdots$,路权分别为

$$w(v_1,v_2)=8,$$

$$w(v_1,v_4,v_3,v_2)=w(v_1,v_4)+w(v_4,v_3)+w(v_3,v_2)$$
$$=3+2+2=7,\cdots,$$

所以点 v_1 到 v_2 的短程为 (v_1,v_4,v_3,v_2),点 v_1 到 v_2 的距离为 7,即

$$d(v_1,v_2)=7.$$

2. 点到集合的距离

点到集合的距离有两种情况.

情况一　如果点 u 与集合 S 中有若干点邻接.

如图 3-36 所示,若点 u 与集合 S 中的点 v_1,v_2,v_3,v_4 邻接,边权分别为

$$w(u,v_1),w(u,v_2),w(u,v_3),w(u,v_4).$$

当 $w(u,v_2)$ 为最小时,称 $w(u,v_2)$ 为 u 到 S 的距离,记为 $d(u,S)$,即

$$d(u,S)=\min\{w(u,v_1),w(u,v_2),w(u,v_3),w(u,v_4)\}.$$

例 2 设图 $G=(V,E,W)$，如图 3-37 所示，求点 v_1 到集合 S 的距离，其中 $S=\{v_2,v_3,v_4,v_5,v_6\}$.

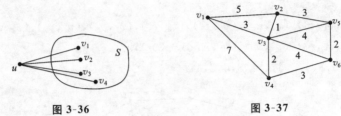

图 3-36　　　　　　　　　　图 3-37

从图 3-37 中直观可知

$$w(v_1,v_2)=5, \quad w(v_1,v_3)=3, \quad w(v_1,v_4)=7,$$

所以 $d(v_1,S)=w(v_1,v_3)=3$.

情况二 在图 $G=(V,E,W)$ 中，如果点 $u \in S_1$，集合 $\overline{S}_1$ 不含集合 S_1 中的点.

如图 3-38 所示，若 S_1 中有点 u_1、u_2、u_3 与集合 $\overline{S}_1$ 中的点 v_1、v_2、v_3 相邻接，即有边 $(u_1,v_1),(u_2,v_1),(u_2,v_2),(u_3,v_3)$，且有

$$w(u_1,v_1),w(u_2,v_1),w(u_2,v_2),w(u_3,v_3).$$

令 u 到 u_1、u_2、u_3 的距离为 $d(u,u_1)$、$d(u,u_2)$、$d(u,u_3)$ 时，我们称

$$d(u,u_1)+w(u_1,v_1),$$
$$d(u,u_2)+w(u_2,v_1),$$
$$d(u,u_2)+w(u_2,v_2),$$
$$d(u,u_3)+w(u_3,v_3)$$

中的最小数为 u 到 $\overline{S}_1$ 的距离，记为 $d(u,\overline{S}_1)$. 称点 u 到集合 $\overline{S}_1$ 的距离所确定的路线为 u 到 $\overline{S}_1$ 的**短程**.

例 3 设图 $G=(V,E,W)$，如图 3-39 所示，$S_1=\{v_1,v_2,v_3,v_4\}$，$\overline{S}_1=\{v_5,v_6,v_7,v_8,v_9\}$，求 $d(v_1,\overline{S}_1)$.

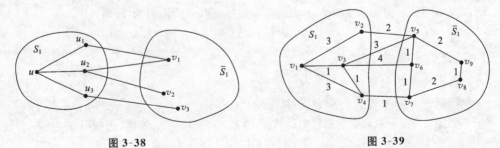

图 3-38　　　　　　　　　　图 3-39

解 集合 S_1 中的点 v_2、v_3、v_4 与集合 $\overline{S}_1$ 中的点 v_5、v_6、v_7 分别邻接，即有边

$(v_2,v_5),(v_3,v_6),(v_4,v_7),(v_3,v_5)$,其权分别为

$$w(v_2,v_5)=2, \quad w(v_3,v_6)=4, \quad w(v_4,v_7)=1, \quad w(v_3,v_5)=3.$$

又因点 v_1 到 v_2、v_3、v_9 的距离分别为

$$d(v_1,v_2)=3, \quad d(v_1,v_3)=1, \quad d(v_1,v_4)=w(v_1,v_3,v_4)=2.$$

所以

$$d(v_1,v_2)+w(v_2,v_5)=3+2=5,$$
$$d(v_1,v_3)+w(v_3,v_5)=1+3=4,$$
$$d(v_1,v_3)+w(v_3,v_6)=1+4=5,$$
$$d(v_1,v_4)+w(v_4,v_7)=2+1=3,$$

因此 $d(v_1,\overline{S}_1)=3$.而路 (v_1,v_3,v_4,v_7) 为 v_1 到 $\overline{S}_1$ 的短程.

> **注**　根据点到集合的距离的定义,从图 3-39 中可直观求出 $d(v_1,\overline{S}_1)$.

7.4.3　求短程和距离

方法一　用标号法求短程.

如果权图的边权相等时,可用标号法求两点间的短程.标号法如下:首先,将始点标记为"0",记在点标右边;第二,与始点邻接的点都标"1",记在点标右边;第三,与标"1"邻接的点均标"2",记在点标右边;以此类推,使所有点都有标号为止.那么,短程是点标右边标号为 $0,1,2,\cdots$ 的点所连接的路线(用带箭头的粗线标出).

例1　设图 $G=(V,E,W)$,边权相等,如图 3-40 所示.

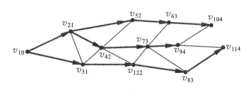

图 3-40

按标号法依次标号,如图 3-40 所示,可找出如下短程:

v_1 到 v_{11} 的短程为 $(v_1,v_3,v_{12},v_8,v_{11})$;

v_1 到 v_{10} 的短程为 (v_1,v_2,v_5,v_6,v_{10});

v_1 到 v_9 的短程为 (v_1,v_2,v_4,v_7,v_9);等等.

方法二　利用求点到集合的距离来求短程.

首先利用第一种情况求点到集合的距离,其次反复利用第二情况的方法求点到集合的距离.具体步骤举例说明.

这种方法是狄克斯特拉(E. W. Dijkstra)于 1959 年提出的,称为<u>狄克斯特拉算</u>

法,此法可在计算机中实施,此法可求某点到图中所有点的短程(证明略).

例 2 设图 $G=(V,E,W)$,如图 3-41 所示,求 v_1 到 v_6 的短程和距离.

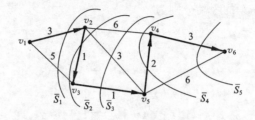

图 3-41

解 (1) 设 $S_1=\{v_1\}$,$\overline{S}_1=\{v_2,v_3,v_4,v_5,v_6\}=V-\{v_1\}$,求 $d\{v_1,\overline{S}_1\}$.

$d(v_1,\overline{S}_1)$ 等于 $w(v_1,v_2)$、$w(v_1,v_3)$ 的最小数,即

$$d(v_1,\overline{S}_1)=\min\{w(v_1,v_2),w(v_1,v_3)\}=\min\{3,5\}=3.$$

可直观看出,短程如图 3-41 中有向粗线所示.

(2) 设 $S_2=\{v_1,v_2\}$,$\overline{S}_2=\{v_3,v_4,v_5,v_6\}=V-S_2$,求 $d\{v_1,\overline{S}_2\}$.

因

$$d(v_1,v_2)+w(v_2,v_4)=3+6=9,$$
$$d(v_1,v_2)+w(v_2,v_5)=3+3=6,$$
$$d(v_1,v_2)+w(v_2,v_3)=3+1=4,$$

故

$$d\{v_1,\overline{S}_2\}=d(v_1,v_2)+w(v_2,v_3)=4.$$

短程如图 3-41 中有向粗线所示.

(3) 设 $S_3=\{v_1,v_2,v_3\}$,$\overline{S}_3=\{v_4,v_5,v_6\}=V-S_3$,求 $d\{v_1,\overline{S}_3\}$.

因

$$d(v_1,v_2)+w(v_2,v_4)=3+6=9,$$
$$d(v_1,v_2)+w(v_2,v_5)=3+3=6,$$
$$d(v_1,v_3)+w(v_3,v_5)=4+1=5,$$

故

$$d\{v_1,\overline{S}_3\}=d(v_1,v_3)+w(v_3,v_5)=5.$$

短程如图 3-41 中有向粗线所示.

(4) 设 $S_4=\{v_1,v_2,v_3,v_5\}$,$\overline{S}_4=\{v_4,v_6\}=V-S_4$,求 $d\{v_1,\overline{S}_4\}$.

因

$$d(v_1,v_2)+w(v_2,v_4)=3+6=9,$$
$$d(v_1,v_5)+w(v_5,v_6)=w(v_1,v_2,v_3,v_5)+w(v_5,v_6)=5+6=11,$$
$$d(v_1,v_5)+w(v_5,v_4)=5+2=7,$$

故

$$d\{v_1,\overline{S}_4\}=d(v_1,v_5)+w(v_5,v_4)=7.$$

短程如图 3-41 中有向粗线所示.

(5) 设 $S_5=\{v_1,v_2,v_3,v_5,v_4\}$,$\overline{S}_5=\{v_6\}=V-S_5$,求 $d\{v_1,\overline{S}_5\}$.

因

$$d(v_1,v_4)+w(v_4,v_6)=7+3=10,$$

$$d(v_1,v_5)+w(v_5,v_6)=5+6=11,$$

故 $\qquad\qquad d\{v_1,\overline{S}_5\}=d(v_1,v_4)+w(v_4,v_6)=10.$

短程如图 3-41 中有向粗线所示.

综上所述,可知点 v_1 到点 v_6 的短程为 $(v_1,v_2,v_3,v_5,v_4,v_6)$,$d(v_1,v_6)=10$.

注　上述计算往往可从图 3-41 中直观看出,为了说明方法及计算过程,所以作了详细的推算,图 3-41 中有向粗线即为点 v_1 到各点的短程路线.

根据上例可归纳算法如下:

(1) 设始点为 u,令 $S_1=\{u\}$,$\overline{S}_1=V-S_1$,在 $\overline{S}_1$ 中找一点 v_1 使 $w(u,v_1)$ 为最小,即 $d(u,\overline{S}_1)=w(u,v_1)$.

(2) 设 $S_2=\{u,v_1\}$,$\overline{S}_2=V-S_2$,在 $\overline{S}_2$ 中利用点到集合的距离求出一点 v_2,使 $d(u,\overline{S}_2)=d(u,v_2)$.

(3) 仿(2)反复进行直到 $\overline{S}_k$ 为空集为止,于是便得出从点 u 到各点的短程路线.

例 3　设有城际交通运输如图 3-42 所示,边权为运费.某产品将从 a 地运送外市,求找一条从 a 地到 i 市运费最省的路线和运费.

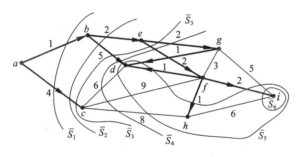

图 3-42

解　(1) 设 $S_1=\{a\}$,$\overline{S}_1=\{b,c,d,e,f,g,h,i\}$,显知 $d(a,\overline{S}_1)=1$. 短程用有向粗线画出,如图 3-42 所示.

(2) 设 $S_2=\{a,b\}$,$\overline{S}_2=\{c,d,e,f,g,h,i\}$,显知

$$d(a,\overline{S}_2)=d(a,b)+w(b,e)=3.$$

短程用有向粗线画出,如图 3-42 所示.

(3) 设 $\qquad S_3=\{a,b,e\},\quad \overline{S}_3=\{c,d,f,g,h,i\},$

因 $\qquad\qquad d(a,e)+w(e,g)=3+2=5,$

$$d(a,e)+w(e,f)=3+2=5,$$

$$d(a,b)+w(b,d)=1+5=6,$$

$$d(a,c)=4,$$

故 $d(a,\overline{S}_3)=d(a,c)=4$. 短程用有向粗线画出,如图 3-42 所示.

(4) 设 $\qquad S_4=\{a,b,e,c\},\qquad \overline{S}_4=\{d,f,g,h,i\},$

因
$$d(a,e)+w(e,g)=3+2=5,$$
$$d(a,e)+w(e,f)=3+2=5,$$
$$d(a,b)+w(b,d)=1+5=6,$$
$$d(a,c)+w(c,h)=4+8=12,$$
$$d(a,c)+w(c,d)=4+6=10,$$
$$d(a,c)+w(c,f)=4+9=13,$$

故 $d(a,\overline{S}_4)=d(a,e)+w(e,g)=5$,或 $d(a,\overline{S}_4)=d(a,e)+w(e,f)=5$.
短程用有向粗线画出,如图 3-42 所示.

(5) 设 $\qquad S_5=\{a,b,e,c,g,f\},\qquad \overline{S}_5=\{d,h,i\},$

因
$$d(a,b)+w(b,d)=1+5=6,$$
$$d(a,g)+w(g,d)=5+1=6,$$
$$d(a,c)+w(c,d)=4+6=10,$$
$$d(a,c)+w(c,h)=4+8=12,$$
$$d(a,f)+w(f,d)=5+1=6,$$
$$d(a,g)+w(g,i)=5+5=10,$$
$$d(a,f)+w(f,i)=5+2=7,$$
$$d(a,f)+w(f,h)=5+1=6,$$

故 $d(a,\overline{S}_5)=6$. 短程用有向粗线画出,如图 3-42 所示.

(6) 设 $S_6=\{a,b,c,d,e,g,f,h\}$,$\overline{S}_6=\{i\}$,显知,

$$d(a,\overline{S}_6)=d(a,f)+w(f,i)=5+2=7.$$

短程用有向粗线画出,如图 3-42 所示,即短程为 (a,b,e,f,i),$d(a,i)=7$.
因此,a 地到 i 市运费最省的路线为 (a,b,e,f,i),最省运费是 7.

思考题 (1) 已知图 $G=(V,E,W)$ 的边权相等,如图所示,求 v_1 到 v_{10}、v_{12} 的短程.

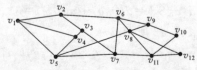

(2) 一公司在 a、b、c、d、e、f 城市有分公司,如图所示,边权为客机旅费,总公司在 a 城,公司需知 a 城去其他城市之间最低旅费和短程,请分别求出来.

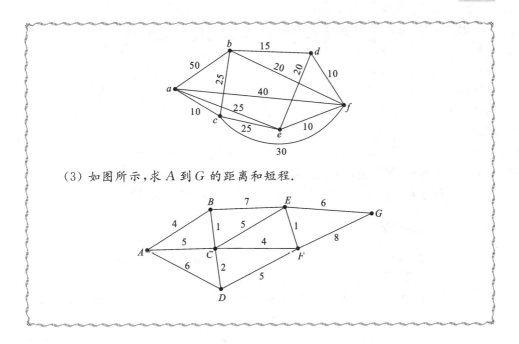

（3）如图所示，求 A 到 G 的距离和短程.

7.5　最大流问题

7.5.1　最大流问题由来

最大流问题在我们生活中也是一个常常遇到的问题.

例1　有一批产品分别从产地 x_1、x_2、x_3 通过铁路运到销地 y_1、y_2，如图 3-43 所示，点 a、b、c、d 表示车站，边权表示该段上的最大运输量，称为容量，x_1、x_2、x_3 称为发点，y_1、y_2 称为收点. 如何安排运输方案，才使 y_1、y_2 收到的物品总量最大呢？

例2　今有一个由街道构成的交通网络图，如图 3-44 所示，S 点为汽车入口，称为发点，T 为汽车出口，称为收点. 边上的权为该街道通过的最大的汽车数量，称为容量. 问从入口 S 到出口 T 驶出的汽车走怎样的路线，才使汽车的数量最大呢？

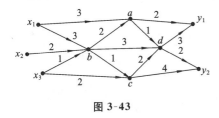

图 3-43

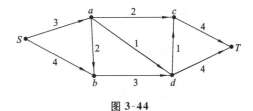

图 3-44

例 3 今有一个水渠网络图如图 3-45所示,水从 S 流入,最后从 T 流出,S 称为发点,T 称为收点,弧上的权为该段渠流的最大通过量,称为容量.问如何使水从 S 流入到 T,才能使流出的水量达到最大呢?

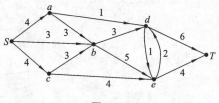

图 3-45

上述三例告诉我们:某物(如货物、汽车、水等)从发点流出,经过一些中转点,最后到收点流出,怎样流动才能使物流量达到最大? 这类问题统称为最大流问题.

这类问题在实际生活中很多,你还能再举出一些实例来吗?

7.5.2 容量网络流图和可行流

为方便起见,我们常把多发点和多收点的最大流问题统一化成一个发点和一个收点的最大流问题进行讨论.

如在图 3-43 中增加两个点:发点 S 和收点 T,如图 3-46 所示,即将 S 与 x_1、x_2、x_3 用弧 (S,x_1)、(S,x_2)、(S,x_3) 连接,弧 (S,x_1) 上的权数为 x_1 发出的弧 (x_1,a) 和 (x_1,b) 的权数和 6,弧 (S,x_2) 的权数为 x_2 发点的弧 (x_2,b) 的权数 2,弧 (S,x_3) 的权数为 x_3 发出弧 (x_3,b) 和 (x_3,c) 的权数和 3.收点 T 用弧 (y_1,T)、(y_2,T) 连接,弧 (y_1,T) 上的权数为 y_1 上入弧 (a,y_1) 和 (d,y_1) 上的权数和 5,弧 (y_2,T) 上的权数为 y_2 上入弧 (d,y_2) 和 (c,y_2) 上的权数和 6.

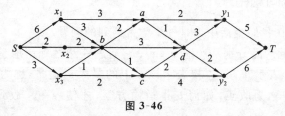

图 3-46

1. 容量网络流图

从上例中可得:

设有向权图 $G=(V,E)$,如果 E 中弧 (i,j) 的权为允许通过的最大流量,则称为弧 (i,j) 上的容量,记为 $c_{ij}\geq0$,称 G 为容量网络图.

图 3-43、图 3-44、图 3-45 都是容量网络图.

例 1 设有向权图如图 3-47 所示,它是一个容量网络图.

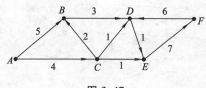

图 3-47

如果容量网络图 $G=(V,E)$，V 中有一个发点 S 和一个收点 T，其余点为中转点，E 中弧 (i,j) 的容量为 c_{ij}，我们称该图 G 为容量网络流图.

图 3-44、图 3-45、图 3-46 均为容量网络流图，而图 3-47 不是容量网络流图，因为图中只有发点 A，但无收点.

2. 可行流

设容量网络图 $G=(V,E)$，V 中有一个发点 S 和一个收点 T，其余点为中间点，E 中的弧 (i,j) 的容量为 c_{ij}，如果有一定量的物体（如货物、汽车、水等）从发点 S 流出，经过中间点流入收点 T，称该流量为图 G 上的一个可行流，记为 f. 经过弧 (i,j) 上的流量，称为弧 (i,j) 上的流，记为 f_{ij}. 显然，$f_{ij}\leqslant c_{ij}$，即 $0\leqslant f_{ij}\leqslant c_{ij}$.

为方便求出容量网络流图的最大流，常用数组 (f_{ij},c_{ij}) 标在弧 (i,j) 上.

例如在容量网络流图 3-44 中，有一个可行流 f 从发点 S 流入收点 T，若流值为 1，即 $f=1$ 时，经过路线 $SadT$，$f_{Sa}=1$，$f_{ad}=1$，$f_{dT}=1$，其余弧上的流为 0，如图 3-48 所示.

又如在容量网络流图 3-44 中若有一个可行流 f 从发点 S 流出，经过中间点流入收点 T，若 f 值为 2，即 $f=2$ 时，经过路线 $SacT$，$f_{Sa}=2$，$f_{ac}=2$，$f_{cT}=2$，其余弧上的流为 0，如图 3-49 所示.

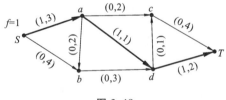

图 3-48　　　　　　　　　　　　图 3-49

特别地，在容量网络流图 3-44 中有一个流 f 从发点 S 流出，经过中间点流入收点 T，当所有弧 (i,j) 的流 $f_{ij}=0$ 时，称流 f 为零流，是一个可行流. 如图 3-50 所示.

不难看出：任何一个容量网络流图 $G=(V,E)$ 总有一个可行流 f 从发点 S 流出，经过中间点流到收点 T，即可行流总是存在的，可流行 f 是由各弧上的流所决定的，且有如下性质：

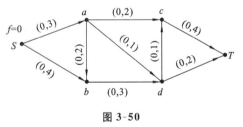

图 3-50

① 容量网络流图上所有弧 (i,j) 上的容量 c_{ij} 和流 f_{ij} 满足 $0\leqslant f_{ij}\leqslant c_{ij}$；

② 可行流 f 的值＝发点发出的总流量＝收点流入的总流量；

③ 中间点流入的流量＝流出的流量.

例2 求图 3-45 中一个可行流,且用图表示出来.

由图 3-45 可知,从发点 S 流到收点 T 的路线有:

$$(S, a, d, T), \qquad (S, a, b, e, T).$$

再观察各弧上的容量,选取各弧上的流可决定一个可行流 $f=4$:$f_{Sa}=4$,$f_{ad}=1$,$f_{dT}=1$,$f_{ab}=3$,$f_{be}=3$,$f_{eT}=3$,其余弧上的流为 0,如图 3-51 所示.

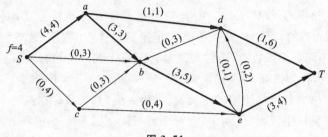

图 3-51

例3 在容量网络流图 3-44 中,如果 $f_{Sa}=3$,$f_{ac}=2$,$f_{cT}=3$,其余弧上流全为 0,如图 3-52 所示,它是一个可行流吗?

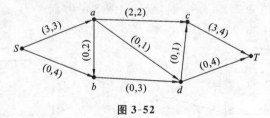

图 3-52

显然,该图中的流不是一个可行流,因为 $f_{Sa}=3$,不能通过流量为 2 的弧 (a, c) 流到弧 (c, T) 上,中间点 a 的流入量 $\neq$ 点 a 的流出量.你能调整各弧上的流,使其成为一个可行流吗?

> **思考题**　(1) 在容量网络流图 3-44 上,如果 $f_{Sa}=3$,$f_{Sb}=4$,$f_{ab}=2$,$f_{ac}=2$,$f_{dc}=1$,$f_{bd}=3$,$f_{dT}=2$,$f_{cT}=4$,能决定一个可行吗?
>
> (2) 如果图 3-44 中,各弧上的流为:$f_{Sa}=3$,$f_{ac}=2$,$f_{ab}=1$,$f_{Sb}=2$,$f_{bd}=3$,$f_{dc}=0$,$f_{cT}=2$,$f_{dT}=3$,它是图上的一个可行流吗?
>
> (3) 在图 3-44 中你能找出另一个可行流吗?

7.5.3　求最大流方法介绍

1. 什么叫增广路

通俗地说,在一个容量网络流图中,如果从发点到收点有一条通路,通路上的

流量可增加时,我们说该通路是一条增广路.严格定义如下:

设容量网络流图 $G = (V, E)$,若存在一条从发点 S 到收点 T 的(无向)通路 P_{ST},当弧 (i, j) 与 P_{ST} 的方向相同时,称弧 (i, j) 为前向弧;当弧 (l, k) 与 P_{ST} 的方向相反时,称弧 (l, k) 为后向弧.

如果通路 P_{ST} 满足如下条件:

① 通路 P_{ST} 上所有前向弧 (i, j) 上的流 $f_{ij} < c_{ij}$;

② 通路 P_{ST} 上所有后向弧 (l, k) 上的流 $f_{lk} > 0$,

那么,称通路 P_{ST} 为增广路.

特别地,若通路 P_{ST} 上只有前向弧 (i, j),而无后向弧,且满足条件①时,我们称通路 P_{ST} 为增广路.

例 1　设容量网络流图 3-44 中,若可行流 $f = 2$,从发点 S 流入收点 T,各弧 (i, j) 上的数对 (f_{ij}, c_{ij}) 如图 3-53 所示.

在图 3-53 中,选取一条从发点 S 到收点 T 的无向通路 $P_{ST} : SbacdT$,弧 (S, b)、(a, c)、(d, T) 是前向弧,且 $f_{Sb} = 0 < c_{Sb} = 4, f_{ac} = 0 < c_{ac} = 2, f_{dT} = 1 < c_{dT} = 2$,即满足条件①;弧 (a, b)、(d, c) 与路 P_{ST} 方向相反,所以为后向弧,且 $f_{ab} = 1 > 0, f_{dc} = 1 > 0$,即满足条件②.

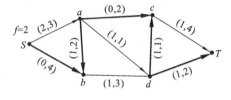

图 3-53

因此,通路 $P_{ST} : SbacdT$ 为增广路.

在图 3-53 上选取一条从发点 S 到收点 T 的通路 $P'_{ST} : SacT$.显然所有弧都是前向弧,且 $f_{Sa} = 2 < 3, f_{ac} = 0 < 2, f_{cT} = 1 < 4$,即满足条件①.因此,通路 $P'_{ST} : SacT$ 也是一条增广路.

在图 3-53 中你能找出增广路吗?

思考题

(1) 请在图 3-48 中找出两条增广路.

(2) 请在图 3-50 中找出增广路.

(3) 若某路上的流达到最大流时,它有何特征呢?

2. 用标号法求最大流

标号法是一种求最大流的较简便且有效的方法,是福特-富尔克森(Ford-Fulkerson)于 1956 年提出的,其基本原理是找出一条能从发点输送正流到收点的增广路,把尽量多的流从发点送到收点,重复这个过程,直到再也找不到增广路为止,这时网络上的流便是最大流.

这种方法的步骤如下:

（1）用标号法找增广路.

① 首先从容量网络流图 G 中给发点 S 标上"＊"号，若弧 (S,i) 满足增广路条件①时，给 i 点标上"＊"号.

② 考察 i 点，若有 j 点与 i 点连接，且满足增广路条件①或②时，给 j 点标上"＊"号. 若 j 点为收点时，便找到一条增广路 P.

否则，反复运用步骤①、②直到收点被标号为止.

（2）调整增广路上的可行流.

如果容量网络流图 G 上的可行流为 f，增广路 P 上所有前向弧 (i,j) 上的流为 f_{ij}，容量为 c_{ij}，所有后向弧 (l,k) 上的流为 f_{lk}，容量为 c_{lk}，那么调整后新容量网络流图 G_1 上的流为 $f+\theta$，增广路 P 上的所有前向弧 (i,j) 上的新流为 $f_{ij}+\theta$，所有后向弧 (l,k) 上的新流为 $f_{lk}-\theta$，其余弧上的流不变，于是

$$\theta=\min\{c_{ij}-f_{ij}, f_{lk}\},$$

式中，f_{ij} 为增广路 P 上的前向弧 (i,j) 上的流，f_{lk} 为后向弧 (l,k) 上的流.

由上式可知 θ 为增广路上 $c_{ij}-f_{ij}$、f_{lk} 中的最小量，称为增广路上的调整量.

（3）在新的容量网络流图 G_1 中，反复运用步骤（1）、（2），直到找不到增广路为止，所得到的流就是最大流.

上述步骤的正确性在此不作介绍，有兴趣的读者可参阅图论等参考书，此步骤（算法）可利用计算机计算求得.

下面举例说明.

例 2 设街道交通网络图如图 3-54 所示，S 为入口，T 为出口，边权为容量，求通过车流的最大量.

解 设初始可行流为 $f=0$，弧 (i,j) 上的流 $f_{ij}=0$，得容量网络流图，如图3-55所示.

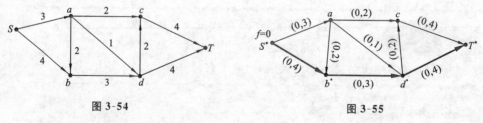

图 3-54　　　　　　　　　　　　　　图 3-55

首先，在图 3-55 上利用标号法，可求得一条增广路 P_1：$SbdT$. 因为从 S 标号"S^*"出发有弧 (S,b) 上的流 $f_{Sb}=0<4$，b 点标号"b^*"，又弧 (b,d) 上的流 $f_{bd}=0<3$，d 点标号"d^*"，最后有弧 (d,T) 上的流 $f_{dT}=0<4$，T 标号"T^*"，如图 3-55 所示.

其次，调整增广路上的可行流.

因为增广路上的调整量为

$$\theta = \min\{4-0, 3-0, 4-0\} = 3,$$

所以 $f_{Sb} = 0+3 = 3$, $f_{bd} = 0+3 = 3$, $f_{dT} = 0+3 = 3$, 其余弧上的流不变,便得新的容量网络流图 G_1, 如图 3-56 所示, G_1 的可行流 $f=3$.

再次,在图 3-56 上用标号法,仿上求得增广路 $P_2 : SacT$, 如图 3-56 所示. 增广路上的调整量为

$$\theta = \min\{3-0, 2-0, 4-0\} = 2,$$

所以增广路上各弧的新流为

$$f_{Sa} = 2, \quad f_{ac} = 2, \quad f_{cT} = 2,$$

其余弧上的流不变,这样又得到一个新的容量网络流图 G_2, 如图 3-57 所示, G_2 上的流 $f=5$.

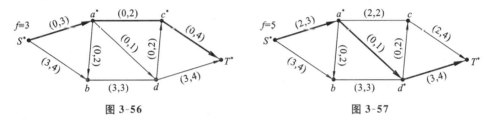

图 3-56　　　　　　　　　　　　图 3-57

最后,在图 3-57 上用标号法仿上求得一条增广路 $P_3 : SadT$, 如图 3-57 所示. 增广路上的调整量为

$$\theta = \min\{3-2, 1-0, 4-3\} = 1,$$

所以增广路上各弧的新流为

$$f_{Sa} = 2+1 = 3, \quad f_{ad} = 0+1 = 1, \quad f_{dT} = 3+1 = 4,$$

其余弧上的流不变,这样又得到一个新的容量网络流图 G_3, 如图 3-58 所示, G_3 上的流 $f=6$.

因为在容量网络流图 3-58 中,从发点 S 到收点 T 的增广路找不到,所以通过车流的最大量为 6.

注　用标号法得到最大流的运行方案不是唯一的,如图 3-44 中的最大流方案,还有如图 3-59 所示的最大流方案.

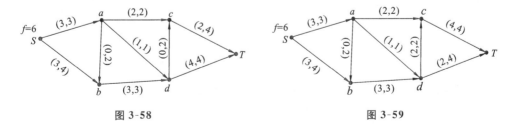

图 3-58　　　　　　　　　　　　图 3-59

例3 求前面图 3-45 中的最大流.

解 设图 3-45 中的可行流 $f=0$，得到一个容量网络流图 G_1，如图 3-60 所示.

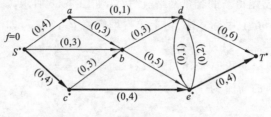

图 3-60

首先，在图 3-60 中用标号法求出一条增广路 $P_1：SceT$.

从 S 标号"S^*"出发，弧 (S,c) 上的流 $f_{Sc}=0<4$，c 被标号为"c^*"，弧 (c,e) 上的流 $f_{ce}=0<4$，e 被标号为"e^*"，弧 (e,T) 上的流 $f_{eT}=0<4$，T 被标号为"T^*"，如图 3-60 所示. 增广路 P_1 上的调整量为

$$\theta=\min\{4-0,4-0,4-0\}=4,$$

所以增广路上各弧的新流为

$$f_{Sc}=4,\quad f_{ce}=4,\quad f_{eT}=4,$$

其余弧上的流不变，便得新的容量网络流图 G_1，如图 3-61 所示，图 G_1 上的流 $f=4$.

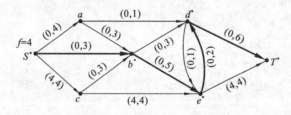

图 3-61

其次，在图 3-61 中仿上求出增广路 $P_2：SbedT$，如图 3-61 标号所示. 增广路上的调整量为

$$\theta=\min\{3-0,5-0,2-0,6-0\}=2,$$

所以增广路上各弧的新流为

$$f_{Sb}=2,\quad f_{be}=2,\quad f_{ed}=2,\quad f_{dT}=2,$$

其余弧上的流不变，得新的容量网络流图 G_2，如图 3-62 所示，图 G_2 上的流 $f=4+2=6$.

最后，在图 3-62 中仿上求出增广路 $P_3：SabdT$，如图 3-62 标号所示. 增广路上的调整量为

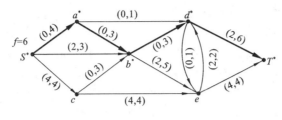

图 3-62

$$\theta = \min\{4-0, 3-0, 3-0, 6-2\} = 3,$$

得增广路上各弧的新流为

$$f_{Sb} = 3, \quad f_{ab} = 3, \quad f_{bd} = 3, \quad f_{dT} = 2+3 = 5,$$

其余弧上的流不变,于是便得新的容量网络流图 G_3,如图 3-63 所示,图 G_3 上的流 $f = 6+3 = 9$.

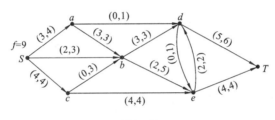

图 3-63

因图 3-63 上从发点 S 到收点 T 的增广路找不到,所以图 3-63 上的最大流 $f = 9$.

　　　(1) 从上述两例求最大流的过程中,怎样选取增广路时,最大流容易被求出来呢? 有规律吗? 规律是什么?

　　(2) 用标号法求容量网络流图 3-43 上的最大流.

　　例 4　今有 5 个工人分配去做 5 项工作,已知不同工人只能胜任某些工作,列表如下,表中"√"表示能胜任,"×"表示不能胜任.

工作＼工人	y_1	y_2	y_3	y_4	y_5
x_1	√	×	×	√	×
x_2	√	×	×	×	√
x_3	×	√	×	√	√
x_4	√	×	×	×	√
x_5	×	×	√	√	√

　　如果在同一个时间只能安排一个工人做一项工作,每项工作只能由一个工人

做,问怎样安排才符合要求呢?

分析 上述问题较简单,直接观察可求得结果,如果较复杂(工人、工作数量大)就不容易求解了,这里仅介绍用标号法求增广路和最大流的方法来解答.

解 设弧(x_i, y_j)表示工人$x_i(i=1,2,\cdots,5)$能胜任工作$y_j(j=1,2,\cdots,5)$,且弧(x_i, y_j)上权$c_{ij}=1$,于是便得到一个有向权图,如图3-64所示.

令S为发点与x_1,x_2,x_3,x_4,x_5连接,T为收点与y_1,y_2,y_3,y_4,y_5连接,因x_1与y_1、y_4连接,令弧(S,x_1)上的权$c_{Sx_1}=2$.同理,可知弧(S,x_2)上的权$c_{Sx_2}=2$,弧(S,x_3)上的权$c_{Sx_3}=3$,弧(S,x_4)上的权$c_{Sx_4}=3$,弧(S,x_5)上的权$c_{Sx_5}=3$.

又因为x_1,x_2,x_4与y_1连接,所以令弧(y_1,T)上的权$c_{y_1 T}=3$.而y_2只与x_1连接,所以弧(y_2,T)上的权$c_{y_2 T}=1$.同理,可知弧(y_3,T)上的权$c_{y_3 T}=2$,弧(y_4,T)上的权$c_{y_4 T}=3$,弧(y_5,T)上的权$c_{y_5 T}=4$,于是便得容量网络流图,如图3-64所示.

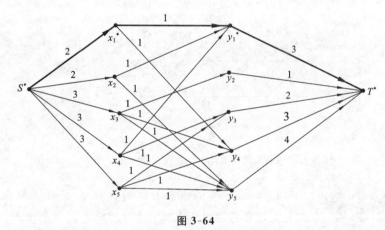

图 3-64

首先,在图3-64中找一条增广路$P_1: Sx_1 y_1 T$.令弧(S,x_1)上的流$f_{Sx_1}=1$,弧(x_1,y_1)上的流$f_{x_1 y_1}=1$,弧(y_1,T)上的流$f_{y_1 T}=1$,其余弧上的流为0,于是得新的容量网络流图G_1,G_1上的可行流$f=1$,如图3-65所示.

其次,在图3-65中,用标号法找一条增广路$P_2: Sx_2 y_5 T$.如图3-65所示,令弧(S,x_2)上的流$f_{Sx_2}=1$,弧(x_2,y_5)上的流$f_{x_2 y_5}=1$,弧(y_5,T)上的流$f_{y_5 T}=1$,其余弧上的流不变,于是得到新的容量网络流图G_2,G_2上的可行流$f=2$,如图3-66所示.

第三,仿上在图3-66中,用标号法找一条增广路$P_3: Sx_3 y_2 T$.如图3-66所示,令弧(S,x_3)上的流$f_{Sx_3}=1$,弧(x_3,y_2)上的流$f_{x_3 y_2}=1$,弧(y_2,T)上的流$f_{y_2 T}=1$,其余弧上的流不变,于是便得新的容量网络流图G_3,G_3上的可行流$f=3$,如图3-67所示.

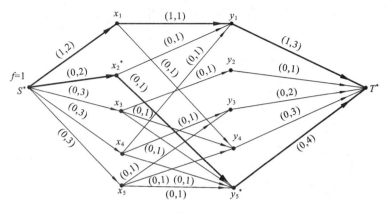

图 3-65

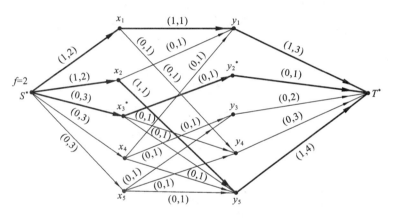

图 3-66

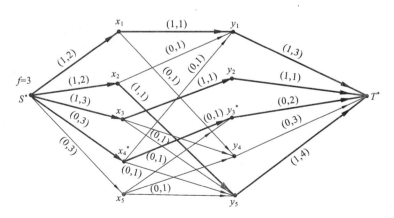

图 3-67

第四,仿上在图 3-67 中,用标号法找一条增广路 $P_4:Sx_4y_3T$. 如图 3-67 所示,令弧上的流 $f_{Sx_4}=1,f_{x_4y_3}=1,f_{y_2T}=1$,其余弧上的流不变,于是便得新的容量网络流图 G_4,G_4 上的可行流 $f=4$,如图 3-68 所示.

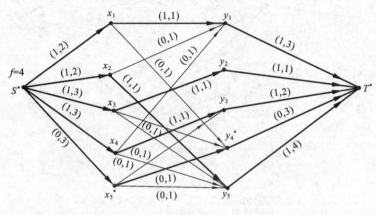

图 3-68

第五,仿上在图 3-68 中,用标号法找一条增广路 $P_5:Sx_5y_4T$. 如图 3-68 所示,令弧上的流为 $f_{Sx_5}=1,f_{x_5y_4}=1,f_{y_4T}=1$,其余弧上的流不变,于是便得新的容量网络流图 G_5,G_5 上的可行流 $f=5$,如图3-69所示.

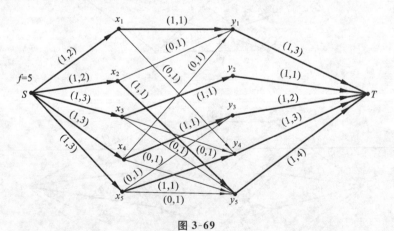

图 3-69

显然,G_5 的最大流为 $f=5$,于是便得到一个符合要求的安排,即

$$(x_1,y_1),(x_2,y_5),(x_3,y_2),(x_4,y_3),(x_5,y_4).$$

思考题

（1）你能从例 4 中找出另一个符合要求的安排吗？

（2）下图中从 S 到 T 的最大流是多少？（弧上权为容量）

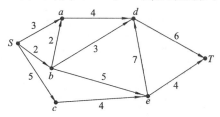

（3）已知街道交通网络图如下，那么从入口 S 到出口 T 的最大流是多少？

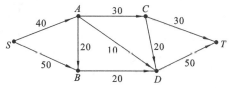

（4）已知 x_1、x_2 为发货站，y_1、y_2 为收货站，边上的权为运货量，求下图中的最大流.

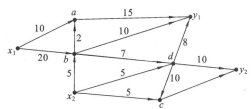

（5）某工厂招 36 位青年技工，将他们分配到 6 个工种工作，每个人熟悉的工种各不一样，登记的情况如下表所示，其中"√"表示能胜任，"×"表示不能胜任.

求出若干种合理的分配方案，每个工种要有一人，每个人只能分配一个工种.

工作 工人	1	2	3	4	5	6
王 力	√	×	√	×	√	×
李 勇	×	√	×	×	×	√
张 兵	√	√	×	×	√	×
赵 明	×	√	×	√	√	√
钱三仁	√	×	×	√	√	×
陈 卉	√	√	×	√	×	√

第8章

运 筹 帷 幄

8.1 运筹的产生及发展

运筹就是制定策略、策划和统筹之意. 有人称运筹学是一门应用科学, 是一门解读实际问题的方法论, 为生产服务的数学方法, 即用数学的各种方法去寻求解决实际问题的最优决策方案, 以获得最佳结果的一门学科.

运筹学和其他学科一样, 在实践中产生, 随着科学、技术的发展而发展. 运筹学自第二次世界大战以来, 发展十分迅速, 应用也更为广泛, 在工业、农业、国防、科研、经济、管理等多方面都被应用.

运筹学的思想方法在我国早有应用, 如民间常说"纲举目张""见缝插针""抓主要矛盾"等都是统筹思想方法的通俗应用概述, 在《史记·高祖本纪》中记载:"夫运筹帷幄之中, 决胜千里之外, 吾不如子房"(子房指张良). 意思是汉高祖刘邦称赞张良, 他坐在军帐中运用计谋, 就能决定千里之外战斗的胜利.

古代有齐王与田忌赛马的故事, 每人各备三匹马, 马有上等、中等和下等之分. 马的情况是:齐王的上等马比田忌的上等马好, 齐王的中等马比田忌的中等马好, 齐王的下等马比田忌的下等马好. 三场比赛胜两场就获胜. 比赛决策有 6 种. 对田忌来说, 最优的决策是:田忌的下等马对齐王的上等马, 田忌的上等马对齐王的中等马, 田忌的中等马对齐王的下等马. 结果是田忌胜二负一而获胜, 这是一个决策问题.

古代北宋真宗时代, 皇宫失火受毁后进行大修复, 由一位宰相丁谓负责修复工作, 修复中需大量的建筑材料, 如砖、木材等. 如果从外地运来, 费用、时间都十分不划算. 他决定在皇宫外大街上取土烧砖, 这样大街上就挖成了深沟, 他把汴河的堤挖开, 使河水直流沟中, 便将外地木材等建筑材料装船直接运到皇宫前, 等皇宫修复完后, 他再把废砖、余土填入沟中, 恢复原样. 最后核算费用时, 他发现节省的费用远远低于预算费用. 这是统筹法运用的一个很好案例.

抗日战争中, 日寇在兵力、装备方面都优于八路军和新四军, 共产党运用游击战术, 坚持持久战, 敌进我退, 敌弱我打, 敌驻我扰, 敌退我追, 使日军屡屡受挫, 我军屡屡获胜. 这是运筹思维在军事上的一种运用.

在 20 世纪中期随着生产、科技的不断进步, 对运筹学的应用就更加迫切了. 在

1939 年数学家康特洛维奇首先出版了《生产组织和计划中的数学方法》一书,将运筹学的发展推向一个新的阶段,成为运筹学中规划论的一棵新苗.在第二次世界大战期间,由于雷达的发明及其更好地配合高炮使用,1940 年美、英先后组织各方面专家组成科研小组,来研究解决战争中提出的许多非常复杂的战略、战术,如飞机何时出击、飞机队形如何布局、商船护航的规模、水雷如何布局便于防范深水潜艇的袭击,以及战略轰炸等.运用运筹方法都取得了明显的效果,获得了许多方法和经验,进一步丰富了运筹学的内容,为运筹学的名称奠定了新的基础.

1953 年美国的毛尔思和金贝尔两人总结了第二次世界大战期间的部分经验和方法,合作编写了一本叫《运筹学方法》的书,从而使运筹学的发展更迅速、应用范围更加广阔.许多历史悠久的学科如排队论、对策论、规划论、质量控制论等成为运筹学的一些新分支,使运筹学的内容更加丰富了.

1956 年我国在大型企业、运输等方面为挖掘潜力、提高质量、多快好省地搞建设,在开展运筹学的学习、研究和应用时,在理论和应用方面也取得了一些新成果.

随着计算机的发展、普及和应用,运筹学的应用范围不断地加深和扩大,运筹学的思想方法也愈来愈被人们所采用.因为这些方法有时能直接解决工作、生活中的一些实际问题,即使不能直接解决,但只要在工作、生活等实际中用运筹学的思想方法去考虑问题,总是十分有益的.

8.2 运筹学应用实例

运筹学的内容十分丰富,应用也十分广泛,它的思想方法与人的活动密切相关,这里仅举例说明一下.

例1 计算 $1+2+3+\cdots+100$. 如何计算,才算得最快呢?

解 这是一个决策问题,算法如下.

(1) 直接依次相加:

$$\{[(1+2)+3]+4\}+\cdots+100.$$

(2) 分段相加:

$$(1+2+\cdots+10)+(11+12+\cdots+20)+\cdots.$$

(3) 利用结合律计算:

$$\overbrace{1+2+\cdots+99+100}=101\times50.$$

(4) 利用等差数列特性计算:

$$S=1+2+\cdots+100,$$
$$S=100+99+\cdots+1,$$

以上两式相加得

$$2S=101\times100, \quad S=\frac{1}{2}(101\times100).$$

算法(3)、(4)算得最快,算法最优.

例2 某班大扫除时,派三个同学去一个水龙头打水,水桶分大、中、小三个,大桶注满水需 5 min,中桶注满水需 3 min,小桶注满水需 2 min.问按怎样的排序打水,三人等候的时间之和最小呢?

解 三人等候的时间之和最小,即三个人打水花费的时间最少,这是一个排队问题.若用大、中、小桶的人分别记为 a、b、c,他们的排序有 6 种:abc,acb,bac,bca,cab,cba.

显然可知:cba 排序打水共花时间最小,等候时间之和为

$$(2\times3+3\times2+5)\ min=17\ min.$$

因此,cba 排序最优.

例3 若将 8 m 长的钢条切成长为 3 m 和 2 m 的毛坯备用,需要 2 m 和 3 m 的毛坯各 40 根,问最少需要购 8 m 长的钢条多少根?

解 这是一个合理下料问题,即要求钢条数最少,也就是要求下料时余料最少.

首先考察 8 m 材料在下料方法不同的情况下余料的情况,现列表如下:

数目 \ 方法 毛坯	(1)	(2)	(3)	(4)
2 m	1	2	4	3
3 m	2	1	0	0
余料/m	0	1	0	2

显然方法(1)、(3)下料最省,余料最少(为 0).设方法(1)下料需 8 m 钢条为 x 根,方法(3)下料需 8 m 钢条为 y 根,依题意得

$$\begin{cases} x+4y=40 \quad (2\ m\ 毛坯), \\ 2x+0y=40 \quad (3\ m\ 毛坯), \end{cases}$$

解方程组得 $x=20$(根),$y=5$(根),所以最少需 8 m 钢条 25 根.

例4 有一个小食品店,已知一种面包进货价为 3 元/斤,出售价为 5 元/斤,如果当天售不完就损失 1 元/斤,面包每天销售量可能为 100 斤、200 斤或 300 斤,老板每天进多少斤面包,才能获得最大利润呢?

解 这是一个最优决策问题.因为进货量多少是均等的,而销售量是不确定的,可能销售 100 斤、200 斤或 300 斤,到底销售多少才能获得最大利润呢? 设销售量是均等的,通过计算收益的平均值并进行比较来确定最优决策方案.

因为售出 1 斤利润为 2 元,售不出亏 1 元,所以售出 100 斤利润为 200 元,进货 200 斤销出 100 斤利润为 100 元,进货 300 斤售出 100 斤利润为 0,等等.

销售利润列表如下:

进货量 ＼ 利润 ＼ 销售量	100	200	300
100	200	200	200
200	100	400	400
300	0	300	600

如果进货量 100 斤,利润平均值为 $\frac{1}{3}(200+200+200)=200$.

如果进货量 200 斤,利润平均值为 $\frac{1}{3}(100+400+400)=300$.

如果进货量 300 斤,利润平均值为 $\frac{1}{3}(0+300+600)=300$.

综上所述,进货量 200 斤或 300 斤时收益最大.

> **注**　上述方法称为等可能准则法,又称为拉普拉斯准则.因为多个事件认为它们发生的可能性是相同的,然后计算各策略结果的平均值进行比较,来决定最优策略.

例 5　一天家中来客人要烧水泡茶,因此要洗水壶、洗杯子、放茶叶、灌水、烧水、泡茶等,如何安排做这些事更省时呢?若洗水壶、洗杯子、泡茶各需 2 min,放茶叶需 0.5 min,灌水需 1.5 min,烧水需 12 min.

解　这是一个统筹问题.此问题的做法很多,例如:

做法一,先做好一切准备工作,洗杯子、放茶叶等,再洗水壶、灌水、烧水,最后等水烧开了泡茶.

做法二,先洗水壶、洗杯子,再灌水、烧水,等水开后放茶叶、泡茶.

做法三,先洗水壶、灌水、烧水,再洗杯子、放茶叶,最后等水烧开了泡茶.

比较上述三种做法,可知第三种做法是最优方案.

例 6　甲、乙两人玩出手游戏.若甲出手背,乙出手背时,那么甲胜乙负;若甲出手心,乙出手背时,那么甲负乙胜;若甲出手心,乙出手心时,那么甲胜乙负;若甲出手背,乙出手心时,那么甲负乙胜.问怎样出手才能胜对方呢?

解　这是一个对策问题.因为甲出手背、手心是随意的(随机的),乙的对策就难定了,反之也一样,所以要求最优策略是不易的.由于涉及的数学知识较多,在此不作介绍.

运筹学方面的内容很多,下面仅简单介绍像例 5 这一类问题,就是运筹学中的统筹方法问题.

思考题　(1) 计算 1＋2＋4＋8＋16＋32＋64＋128＋…＋4096,哪一种算法最优?

提示:可逐项相加、凑 10 法、利用等比数列特征计算.

$$S＝1＋2＋4＋8＋…＋4096,$$

令
$$2S＝2＋4＋8＋16＋…＋4096＋8192,$$

$$2S－S＝8192－1＝8191.$$

此法最优.

(2) 若有赵、李、王三人到医务室看病,医务人员为了使病人在室内停留的时间较短,使病人较快离开医务室,根据三人病情所需看病时间安排看病顺序,赵看病时间为 15 min,李看病需 8 min,王看病需 10 min,怎样排序看病最合理? 最优排序是怎样的?

(3) 今将 41 m 钢材切成长为 3 m 和 5 m 的毛坯备用,但每种至少要有 1 根毛坯,若需 3 m 毛坯 86 根,5 m 毛坯 55 根,问需购钢材(41 m 长)多少根最合理呢?

提示:下料方法为① 2 根(3 m)和 7 根(5 m);② 7 根(3 m)和 4 根(5 m)时,余料均为 0,可得方程组

$$\begin{cases} 2x＋7y＝86, \\ 7x＋4y＝55. \end{cases}$$

(4) 设某食品店经销一种饼干,每天销售量可能是 100 个、150 个、200 个、250 个、300 个,进价为 0.25 元/个,售价为 0.49 元/个.如果当天售不完,到下班前处理价为 0.15 元/个,问进货多少才能获利最大?

(5) 某同学放学回家后要做下面几件事:扫地(5 min)、喂鸡(2 min)、淘米(4 min)、洗菜(5 min)、烧水(8 min)、煮饭(15 min)、炒菜(7 min),如何安排最好?

8.3　统筹方法简介

8.3.1　统筹图

统筹方法是运筹学的内容之一,是一种安排工作进程的数学方法.

在工业、农业、科研、国防等各项活动中,常常需要进行较好的组织、规划,较优

的统筹安排,科学合理的管理,使目标任务完成得又快又省,就是花时间短、费用最省.实践告诉我们,应用统筹方法是十分重要的,也是必不可少的.

当我们做一项较简单的事情时,因为它只包含几项活动,称它为工序.例如前面例 5 中的烧水泡茶一事,只包含洗水壶、灌水、烧水、放茶叶等几项活动,统称为工序.凭经验或简单分析,可得到较合理的安排方案:先做什么,再做什么.像前面例 5 中的烧水泡茶一事,先洗水壶并灌好水后烧开水,再洗杯子、放茶叶等,最后再泡茶.这是最优的安排方案,花时间最短.但是,像一些大的工程项目包含许许多多的工序,工序之间相互依存,较为复杂,凭经验或简单分析是找不出一个科学合理的实施方案的,应用统筹方法就显得十分必要了.

统筹方法就是用数学方法来研究分析一项工程获得合理组织、最好安排实施的科学方法,即根据工程项目任务中各项工序间的相互关系、先后次序和工序完工时间,画出工程网络图,即有向权图,称它为工程统筹图,简称统筹图.图上每条有向弧表示一个工序,弧的始点表示开工,终点表示完工,两弧连接点表示前工序完工之时,就是后工序的开工之时,弧上的权表示该工序完工的时间,前弧称为后工序的紧前工序,后弧称为前工序的紧后工序.例如前面例 5 中的工程项目任务是烧水泡茶,工序是烧水、洗水壶、洗杯子、灌水、放茶叶、泡茶等.根据工序间的关系、次序,可画出一个有向权图,如图 3-70(a)所示,它也是统筹图.烧水泡茶统筹图还可用图 3-70(b)表示.

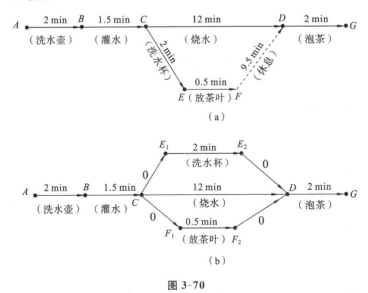

图 3-70

以上说明一个项目的统筹图不是唯一的.

画出工程统筹图后,再对它进行分析、计算,找出完成工程任务的主要工序组合路线和工程任务完成所需的最短时间.工程主要工序组合路线称为关键路线.关键路线上工序完工的时间就是该工程完成的最短时间,图 3-70(a)中路线 $A \to B \to C \to D \to G$ 为关键路线.

而(2+1.5+12+2) min＝17.5 min 为烧水泡茶任务完成的最短时间.图 3-70 表示的统筹方案是烧水泡茶任务的最优方案.否则,任务完成的时间就要更长些.

关键路线的实施是顺利完成任务的保证,常言道"纲举目张"、"抓主要矛盾就迎刃而解",在实施一项较复杂的工程任务中,要保证任务顺利完工,不拖延完工日期,应从统筹图中找出关键路线,因此,首先要正确画出统筹图.

例 1 设某工程任务包含六项工程:a、b、c、d、e、f.工序完工时间依次为 1,3,3,2,1,4(天).工序 a 完工后工序 b 开工,工序 a、c 完工后工序 d 就开工,工序 c 完工后工序 e 开工,工序 b、e、d 完工后工序 f 开工,试画出该工程的统筹图来.

解 根据工序间的关系和次序,可画出它的统筹图如图 3-71 所示.

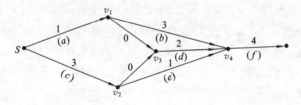

图 3-71

例 2 某农场春播时有三项工作:耕地(a)、平整土地(b)、播种(c).为了在短时间内完成春播任务,将土地分成三块进行:设耕地工序为 a_1、a_2、a_3 三块,耕地时间均为 3 天;相应地,平整三块土地的工序有 b_1、b_2、b_3,完工时间均为 2 天;平整后播种的工序有 c_1、c_2、c_3,完工时间均为 1 天.a_1 完工后可进行 a_2 和 b_1,b_1 完工后可进行 c_1,b_1 和 a_2 都完工后可进行 b_2,a_2 完工后可进行 a_3,c_1 和 b_2 都完工后可进行 c_2,b_2 和 a_3 都完工后可进行 b_3,c_2 和 b_3 都完工后可进行 c_3,请画出春播统筹图.

解 根据工序之间的关系和次序,可得春播安排的统筹图,如图 3-72 所示.

例 3 设某项工程有工序 a、b、c、d、e、f、g、h,工序完工时间依次为 1,1,2,7,4,2,5,1(天).工序 a 完工后,b、c、d 就开工;b 完工后,e 就开工;e 和 d 都完工后,f 就开工;b 和 c 都完工后,g 就开工;f 和 g 都完工后,h 就开工.请画出工程统筹图.

解 依题设条件,可得工程统筹图如图 3-73 所示.

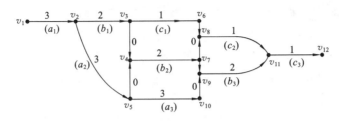

图 3-72

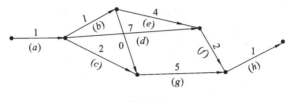

图 3-73

8.3.2　统筹图的特征

（1）统筹图中没有有向回路. 否则,该有向权图就不是统筹图.

如图 3-74 所示,因为回路(v_2,v_3,v_4,v_2)所决定的工序 a_2、a_3、a_4 的次序不清,不符合要求,所以该有向权图不是统筹图.

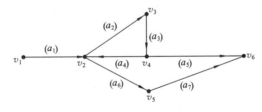

图 3-74

（2）统筹图上任何两点间只允许有一条弧,不能有二重弧.

如图 3-75 所示,一条弧权为 2,另一条弧权为 1,即工序(A,B)完工后工序(B,C),亦即 b_1 和 b_2 开工,而完成时间一个是 2,另一个是 1,这是不合理的.那么,工序 C 何时开工呢? 表示不清.

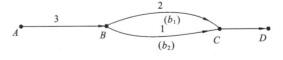

图 3-75

（3）统筹图中只有一个始点和一个终点，因工程开工和完工是唯一确定的.

（4）统筹图上允许有虚线弧（称虚工序）或 0 权弧（称 0 工序）出现.

如前例中图 3-70(b)、图 3-71 和图 3-72 所示.

虚线弧和 0 权弧在画统筹图时应用很多，下面举例说明.

例1 若某工程中工序 a 完工后工序 b 和 c 即开工，而 b、c 都完工后，工序 d 开工，如图 3-76(a)、(b) 所示，工序 a、b、c、d 完工时间依次为 1,2,1,3(天).

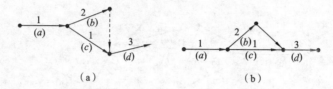

图 3-76

例2 某工序 a 完工后工序 b 即开工，而工序 b 分 b_1、b_2、b_3 三组工作，工序 b 完工后工序 c 开工，工序 a、b_1、b_2、b_3、c 完工时间依次为 3,1,2,3,4(天)，其统筹图如图 3-77(a)、(b) 所示.

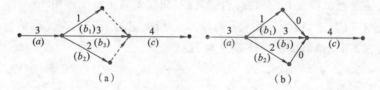

图 3-77

例3 在画统筹图时，若出现多个始点和终点时，可用上述方法使始点、终点都是唯一的，如图 3-78 所示.

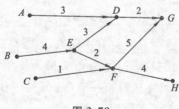

图 3-78

可将上例改为下面两种形式的统筹图.

第一种，直接将 A、B、C 合并为一点 S，如下图 3-79(a) 所示.

第二种，用虚工序或 0 工序来处理，如图 3-79(b) 和图 3-79(c) 所示.

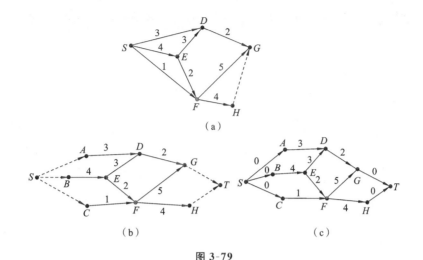

图 3-79

（1）有一项工程有工序 a、b、c、d、e、f、g，各工序完工时间依次为 $4,3,2,1$（小时），a、b 工序完工后 c 工序才开工，b 工序完工后 d 工序才开工，请画出施工图.

（2）今有一工程 a 分 a_1、a_2 两组，同日开工，a_1 需 2 天完工，a_2 需 3 天完工，a_1 完工后 b 开工，a_1、a_2 都完工后 c 和 d 才开工，c、b、d 完工时间依次为 $2,3,4$（天），c、b 完工后 e、h 才开工，e、d 完工后 f、g 才开工，e、f、g、h 完工时间依次为 $1,2,3,4$（天），请画出工程统筹图.

8.3.3　统筹图的顶点正规编号法

统筹图中始点和终点是唯一的，每个结点都与工序相关联，关键路线是一条从始点到终点的通路，为方便寻找关键路线，我们介绍一种从始点到终点的编号，使每条弧的始点编号都小于终点的编号，称此编号为正规编号.编号法如下：

（1）给统筹图的始点编号，记为①写在始点旁，划去点①和以①为始点的所有弧，得到一个新图；

（2）在新图中至少有一个不是任何弧的终点，即始点，任取一个结点给它编号，记为②写在点旁，划去结点②和以②为始点的所有弧，又得到一个新图；

（3）仿（2）继续进行编号，直到图中所有结点都有编号为止.这样，统筹图便得到了一个正规编号.

例 1　设统筹图如图 3-80 所示.

按上述编号方法进行编号，步骤略，最后得到一组正规编号，如图 3-81 所示.

而统筹图的编号不是唯一的,但始点和终点的编号是唯一的,即始点编号为①,终点编号为⑨.

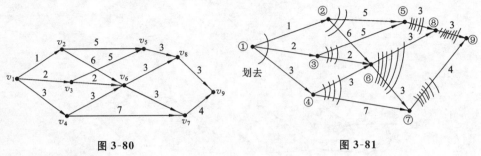

图 3-80   图 3-81

若统筹图如下,给它一个正规编号.

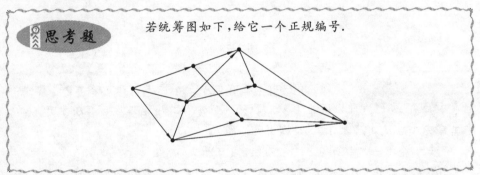

8.4 统筹方法应用

8.4.1 什么通路叫关键路线

上面谈到在统筹图中,工程主要工序组合路线称为关键路线.在一个有向权图中,怎样的一条路所确定的工程路线是关键路线呢?

在一个统筹图中,从始点到终点的所有通路中,路权最大的通路称为关键路线,又称主要路线,余下的路线就是次要路线.在施工过程中具有"见缝插针"的特性.关键路线上工序按时完工是全工程完工的保证.

例1 设工程统筹图如图 3-82 所示,求关键路线(边权为天数).

解 首先将图 3-82 的顶点进行正规编号,如图 3-82 所示,编号从始点①到终点⑨的有向路如下.

$$P_1:(①,②,⑤,⑧,⑨);\qquad P_1 \text{ 路程}:1+5+3+3=12.$$
$$P_2:(①,②,⑥,⑧,⑨);\qquad P_2 \text{ 路程}:1+6+3+3=13.$$
$$P_3:(①,②,⑥,⑦,⑨);\qquad P_3 \text{ 路程}:1+6+3+4=14.$$

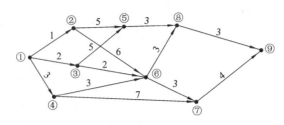

图 3-82

$P_4:(①,③,⑤,⑧,⑨);$　　　　P_4 路程:$2+5+3+3=13.$

$P_5:(①,③,⑥,⑧,⑨);$　　　　P_5 路程:$2+2+3+3=10.$

$P_6:(①,③,⑥,⑦,⑨);$　　　　P_6 路程:$2+2+3+4=11.$

$P_7:(①,④,⑥,⑧,⑨);$　　　　P_7 路程:$3+3+3+3=12.$

$P_8:(①,④,⑥,⑦,⑨);$　　　　P_8 路程:$3+3+3+4=13.$

$P_9:(①,④,⑦,⑨);$　　　　　P_9 路程:$3+7+4=14.$

所以,关键路线是 $P_3:(①,②,⑥,⑦,⑨)$ 和 $P_9:(①,④,⑦,⑨)$. 而 P_3 上的主要工序为 $(①,②),(②,⑥),(⑥,⑦)$ 和 $(⑦,⑨)$;P_9 上的主要工序为 $(①,④),(④,⑦)$ 和 $(⑦,⑨)$,工程完工最少需 14 天.

从上例中可知:关键路线上各工序若能按时完工,非关键路线上的工序能适当安排好,整个工程任务就一定能按时完工,而且如果关键路线上工序能提前完工,整个工程可以提前完工.

总之,在统筹图中,从始点到终点的一条有向通路且路程最大的路线就是关键路线,其上各工序完工时间之和是整个工程完工的时间,也就是该工程完工所需要的最短时间.

8.4.2　用标号法求关键路线

从统筹图的始点标号开始依次求出各点最早开工时间的方法:将开工时间记入结点上方□内,直到终点为止.

标号步骤是:

(1) 将始点记为 □0,记在始点上方;

(2) 若结点(非始点)⨀ 未标号,且相关联的结点如图 3-83 所示,结点 ⨀k_1、⨀k_2、⨀k_3 已获标号 □t_1、□t_2、□t_3,那么 ⨀j 的标号为 t_1+l_1,t_2+l_2,t_3+l_3 中最大一个数 t_j,记入□内,写在结点 ⨀j 旁.

(3) 反复按(2)计算标号,直到终点获得标号为止.

在标号中,将取得标号的最大弧 (i,j) 改为粗线直到终点,便得到从始点到终点的粗线路,就是关键路线.

例 1 用标号法求统筹图 3-84 的关键路线.

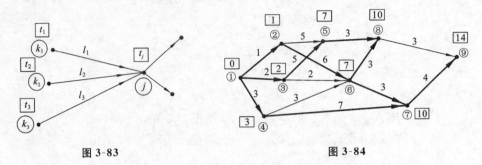

图 3-83　　　　　　　　图 3-84

解 首先给图的顶点正规编号①,②,…,⑨,如图 3-84 所示.

再用标号法求关键路线:

在结点①旁标号⓪,因为 0+1=1,所以在点②旁标①;

因为 0+2=2,所以在点③旁标②;

因为 0+3=3,所以在点④旁标③,弧(①,②)、(①,③)、(①,④)画粗线.

对于点⑤,如图 3-85 所示.因为

$$1+5=6, \quad 2+5=7,$$

所以在点⑤旁标⑦,弧(③,⑤)画粗线.

对点⑥,如图 3-86 所示.因为

$$1+6=7, \quad 2+2=4, \quad 3+3=6,$$

所以在点⑥旁标⑦,弧(③,⑥)画粗线.

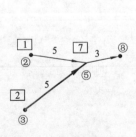

图 3-85

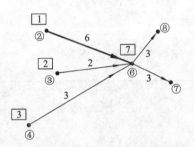

图 3-86

对于点⑦,如图 3-87 所示.因为

$$7+3=10, \quad 3+7=10,$$

所以在点⑦旁标⑩,弧(⑥,⑦)、(④,⑦)画粗线.

对于点⑧,如图 3-88 所示.因为

$$7+3=10, \quad 3+7=10,$$

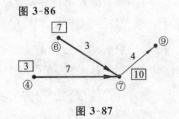

图 3-87

所以在点⑧旁标⑩,弧(⑤,⑧)、(⑥,⑧)画粗线.

对于点⑨,如图 3-89 所示.因为
$$10+3=13, \quad 10+4=14,$$
所以在点⑨旁标⑭,弧(⑦,⑨)画粗线.

由图 3-84 可知,关键路线为(①,④,⑦,⑨)和(①,②,⑥,⑦,⑨).工程完工时间最少为 14 天.

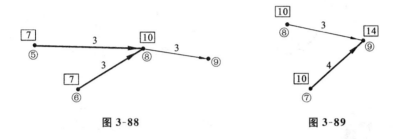

图 3-88　　　　　　图 3-89

> **注**　在统筹图中,首先给出顶点正规编号,然后根据标号法直接从图 3-84 中找出关键路线(①,④,⑦,⑨)或(①,②,⑥,⑦,⑨).

例 2　烧水泡茶的统筹图如图 3-70(b)所示,用标号法求关键路线和完工的最短时间.

解　首先,给出顶点正规编号①,②,…,⑨,如图 3-90 所示.

其次,仿例 1 的步骤给各点标号(步骤略),得到标号如图 9-90 所示.

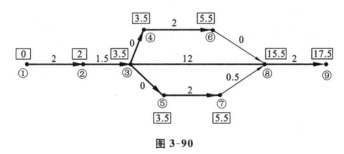

图 3-90

关键路线为(①,②,③,⑧,⑨),完工最短时间为 17.5 min.

例 3　若某工程施工统筹图如图 3-91 所示,求关键路线和最短工期,其中边程为天数.

解　首先,给统筹图顶点正规编号①,②,…,⑭,如图 3-91 所示.

其次,仿例 1 标号,如图 3-91 所示,观察从点①到点⑭的粗线有向通路,即得关键路线(①,③,⑥,⑪,⑫,⑬,⑭),最短完工日期是 36 天.

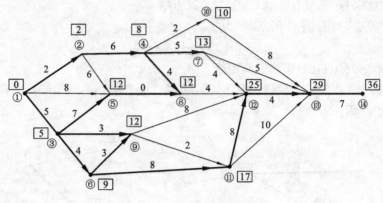

图 3-91

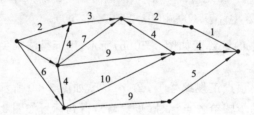

思考题

(1) 已知统筹图如下,标出各点的正规编号,并求关键路线及工程完工日期(天数).

(2) 若某工程由工序(1,2),(1,3),(1,4),(2,5),(3,5),(3,6),(4,6),(5,7),(6,7)组成,它们的工时依次为3,2,4,5,5,7,8,6,5(小时).请画出统筹图,找出关键路线及完工的最短时间.

第9章

万众择优

9.1 优选问题处处可见

古今中外,优为贵,劣为弃,为人所共识,择优观念到处可见,如购物选择物美价廉或质量上等的物品,用人要选拔优秀人才;选种子时,挑选良种;发射卫星时,要选取好的"窗口"(发射时间),等等.一句话,就是人们要根据不同的"目标"来选"优"点.

选优法就是如何来择优的方法论,它是应用数学的一个重要分支.

例1 一个学校的篮球队是从各班篮球队中挑出最好的篮球队员组成的,各班的篮球队是由各班同学中篮球打得好的同学组建的,所以学校篮球队是优中选优挑出来的.

例2 馒头发酵放多少碱才能使做出的馒头松软、好吃呢? 碱少了馒头不疏松可口,碱多了馒头发黄不好吃,那么 5 kg 面粉该用多少碱呢? 这是一个碱量的优选问题.

例3 某钢厂在炼某种钢时,需放入某种特殊物质(如碳等),才使钢具有某种特性,但往往特殊物质的用量多了不好,少了也达不到目标要求,那么放多少最好呢? 这个最佳量怎样选定呢? 显然这是一个优选问题.

例4 某粉碎厂常用钢球碾磨一种特定的粉末.如果一次将 150 kg 的原料碾磨时,放入多少钢球进行碾磨效果最好呢? 工人在实践中得知,钢球放少了不好,放多了也不行,若放入 500 kg 钢球碾磨时,需要 70 h 才可碾磨成符合要求的粉末,为提高效率到底放入多少钢球进行碾磨最好呢?

例5 某厂调试频率电流转换器时,怎样进行调试才能较好地调试好呢? 寻找一个最佳的调试方案.这也是一个优选法问题.

由上述数例可见,优选问题到处可见,优选思想和方法到处有用.如优选最佳的配比及冶金合成;优选和确定工程设计参数;优选仪器仪表和机器调试的最好方案;试验时如何制定最佳的试验方案;如何确定最佳弹道、空间交会、拦截的最佳时间等,其实在数学近似计算、艺术和医学方面都有应用.请读者再列举一些自己熟悉的实例来.

9.2 优选方法来自需求和实践

人们在实践活动中,为了多快好省地实现预定的目标和任务,总是会提出择优问题,在数学上统称为最优化问题.解决最优化问题的办法很多,一般有两类方法:一类是直接最优化法,又称为试验最优化方法;另一类是间接最优化方法,又称为解析最优化方法.直接最优化方法是通过少量直接试验,对试验结果进行比较求得最优结果,所以称它为直接最优化方法,它以数字原理为指导,用尽量可能少的试验,迅速地求得最好结果的一种方法,一般称它为优选法.

优选法和其他科学一样,是在实践中产生和发展起来的.优选思想和基本原则来自于实践,又应用于实践,早在中世纪,欧洲人就用0.618和0.382的比来选取窗户的长和宽的比来做窗户,认为这个比例做出的窗户最美,我国也有此说法.

著名的古希腊学者柏拉图是古希腊的三圣贤之一,他的著作广泛流传于世,原因何在?很多人认为他的著作中应用了黄金分割法,把自己的真正思想隐于书中的特殊地方——黄金分割处.英国古典学者肯迪特博士说:"柏拉图是古希腊数学家毕达哥拉斯的信徒,在他的作品中不仅用到了毕达哥拉斯的音乐理论,也用到了毕达哥拉斯提出的'黄金分割'定律,虽然没有直接提及0.618的黄金分割比例,但在作品中和谐与不和谐的段落正好位于《理想国》全书篇幅61.7%的位置上,接近黄金分割点,等等."

特别在20世纪40年代初,自第二次世界大战起,优选法的应用更引人注目,很快它便进入一个崭新阶段.西方国家出于军事上的需要,1953年美国数学家基弗(Kiefer)率先提出分数法和0.618法,亦称斐波那契法和黄金分割法.后来又针对各种情况提出了许多新方法,如爬山法、均分法等,使优选法在应用中更加充满了活力.

1970年我国在数学家华罗庚先生亲自推广下,优选法的理论、方法及应用等方面都取得了诸多的新成果.这里仅向读者介绍一下黄金分割法及其应用.

9.3 黄金分割法

自欧洲中世纪开始,至今仍有不少人推崇黄金分割比是最优美的特性以来,在艺术上提出:黄金分割点为和谐与不和谐之间的分界点;黄金分割点是优选的点;在医学上也提出黄金配比等.黄金分割充满生机.

9.3.1　什么叫黄金分割法

若将一条已知线段分成两条线,使短线段与长线段长度的比等于长线段与已知线段长度的比,分点称为黄金分割点.该分割称为黄金分割.

若线段 AB,点 C 为 AB 上一个黄金分割点,如图 3-92 所示,那么 $CB:AC=AC:AB$.反之,若点 C 分割线段 AB,且 $CB:AC=AC:AB$ 时,那么点 C 为线段 AB 的一个黄金分割点.

图 3-92

若令 $AB=a,AC=x,CB=a-x$,得

$$(a-x):x=x:a,$$
$$x^2=a(a-x),$$
$$x^2+ax-a^2=0,$$

解方程得

$$x=\frac{-a+\sqrt{a^2+4a^2}}{2}=\frac{a}{2}(\sqrt{5}-1) \quad (负值舍去),$$

即

$$AC=\frac{a}{2}(\sqrt{5}-1),$$

$$CB=a-x=\frac{a}{2}(3-\sqrt{5}).$$

因此,若线段 AB 的长为 a,点 C 为 AB 的一个黄金分割点时,那么 AC 的长为

$$AC=\frac{a}{2}(\sqrt{5}-1),$$

CB 的长为

$$CB=\frac{a}{2}(3-\sqrt{5}).$$

由上可得如下定理.

定理　如图 3-92 所示:

(1) 若点 C 为线段 AB 的黄金分割点时,那么 $\dfrac{AC}{AB}=\dfrac{1}{2}(\sqrt{5}-1)$;

(2) 若点 C 分割线段 AB,且

$$\frac{AC}{AB}=\frac{1}{2}(\sqrt{5}-1)$$

时,那么点 C 为 AB 的黄金分割点;

(3) 若点 C 为线段 AB 的黄金分割点时,那么 $\dfrac{CB}{AC}=\dfrac{1}{2}(\sqrt{5}-1)$;

(4) 若点 C 分割线段 AB,且

$$\frac{CB}{AC}=\frac{1}{2}(\sqrt{5}-1)$$

时,那么点 C 为 AB 的黄金分割点.(证明略,请读者思考)

9.3.2 求黄金分割点

已知线段 AB,求 AB 上的黄金分割点 C.

作法如下:

(1) 以线段 AB 为一直角边,另一直角边为 BD,且 BD 长为 AB 长的一半,作直角 $\triangle ABD$,如图 3-93 所示.

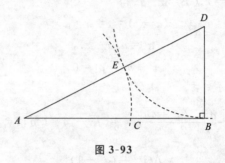

图 3-93

(2) 以 D 点为圆心、BD 为半径作弧与 AD 交于点 E,再以 A 为圆心、AE 为半径作弧与 AB 交于点 C,C 即为所求的黄金分割点.称该作图方法为黄金分割法.

令 $AB=a,BD=\dfrac{a}{2},AC=x$,在直角 $\triangle ABD$ 中,因

$$AB^2+BD^2=AD^2,$$

故有

$$a^2+(\frac{a}{2})^2=(x+\frac{a}{2})^2,$$

展开得

$$x^2+ax^2-a^2=0,$$

解方程得

$$x=\frac{a}{2}(\sqrt{5}-1),$$

所以

$$\frac{AC}{AB}=\frac{1}{2}(\sqrt{5}-1).$$

根据定理(2)知,点 C 为 AB 的黄金分割点.

9.3.3 性质

(1) 因为 $\dfrac{1}{2}(\sqrt{5}-1)=0.6180339887498948\cdots\approx0.618$,由定理(2)可得:

性质 1 若线段 $AB=a$,当 $AC=0.618a$ 时,C 点为黄金分割点,如图 3-94 所示.特别地,当 $AB=a=1$ 时,那么点 0.618 为 AB 的黄金分割点.

（2）任何线段上都有两个黄金分割点.

性质 2　设线段 $AB=a$，C 为 AB 上的一个黄金分割点，那么关于 AB 中点 O 的对称点 C' 也是 AB 上的另一个黄金分割点，如图 3-95 所示.

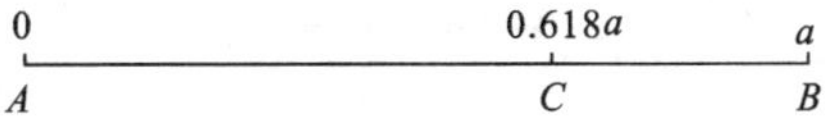

图 3-94

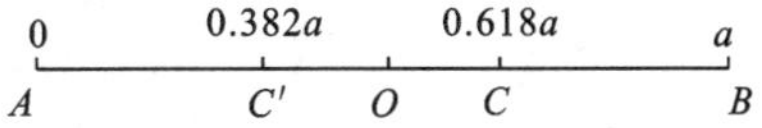

图 3-95

证明　因为 $AC'=CB$，所以
$$C'B=AC,$$
于是
$$\frac{C'B}{AB}=\frac{AC}{AB}=\frac{1}{2}(\sqrt{5}-1).$$

由定理（2）知，C' 为 AB 的另一个黄金分割点.

由上便得：

性质 2′　在线段 AB 上，若 $0.618a$ 点为黄金分割点，那么 $0.382a$ 点为 AB 的另一个分割点.

特别地，当 $a=1$ 时，那么点 0.382 为线段 AB 的另一个黄金分割点.

（3）观察图 3-95，不难得知：

点 C' 为线段 AC 的黄金分割点，C 为线段 $C'B$ 的黄金分割点，即得：

性质 3　若 C' 和 C 为线段 AB 的两个黄金分割点，如图 3-95 所示，那么 C' 为 AC 的一个黄金分割点，C 为 $C'B$ 的一个分割点.

证明　因为 C 为 AB 的黄金分割点，所以
$$\frac{CB}{AC}=\frac{AC}{AB}=\frac{1}{2}(\sqrt{5}-1).$$

又因为
$$AC'=CB,$$
所以
$$\frac{AC'}{AC}=\frac{CB}{AC}=\frac{AC}{AB}=\frac{1}{2}(\sqrt{5}-1).$$

由定理（2）推得点 C' 为 AC 的一个黄金分割点.

类似可证，C 为 $C'B$ 的一个黄金分割点.

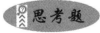
思考题　（1）证明性质 3 中 C 为 $C'B$ 的一个黄金分割点.

（2）在图 3-95 中，C' 为 AC 的一个黄金分割点，在 AC 上另一个黄金分割点位于何处呢？仿上你有何发现呢？

9.3.4　黄金分割点位值

设线段 AB，A 对应数 0，B 对应数 a，且 AB 的长为 a，线段 AB 记为区

间$[0,a]$.

如果在区间$[0,a]$内有黄金分割点C_1和C_2,分别对应数x_1和x_2,如图3-96所示.

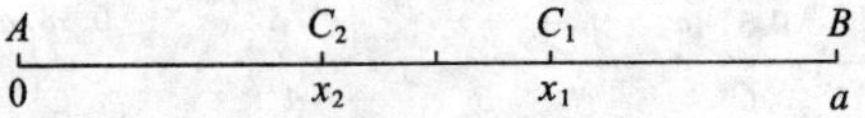

```
A          C₂        C₁         B
├──────────┼────┼────┼──────────┤
0          x₂        x₁         a
```

图 3-96

由前面性质和定理可得

$$x_1 = \frac{\sqrt{5}-1}{2}a, \quad x_2 = (1-\frac{\sqrt{5}-1}{2})a = \frac{3-\sqrt{5}}{2}a,$$

或

$$x_1 = 0.618x, \quad x_2 = 0.382a.$$

特别地,当$a=1$时,那么

$$x_1 = \frac{\sqrt{5}-1}{2}, \quad x_2 = \frac{3-\sqrt{5}}{2},$$

或

$$x_1 = 0.618, \quad x_2 = 0.382.$$

综上,可得如下性质:

性质 4 若在区间$[0,a]$内有两个黄金分割点,一个黄金分割点位值为$x_1 = 0.618a(0.382a)$时,则另一个黄金分割点位值为$x_2 = 0.382a(0.618a)$.

一般设有线段AB,A对应数$a(a \geqslant 0)$,B对应数$b(b > a)$,线段AB的长为$b-a$,线段AB记为区间$[a,b]$.

如果在区间$[a,b]$内有黄金分割点C_1和C_2,分别对应数x_1和x_2,如图3-97所示.

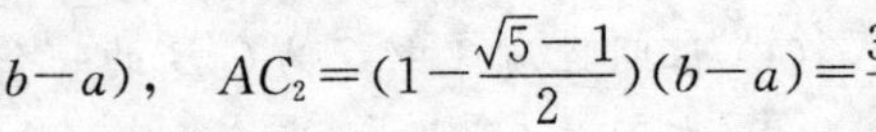

```
A          C₂        C₁         B
├──────────┼─────────┼──────────┤
a          x₂        x₁         b
```

图 3-97

因为

$$x_1 = a + AC_1, \quad x_2 = a + AC_2,$$

$$AC_1 = \frac{\sqrt{5}-1}{2}(b-a), \quad AC_2 = (1-\frac{\sqrt{5}-1}{2})(b-a) = \frac{3-\sqrt{5}}{2}(b-a),$$

或 $$AC_1 = 0.618(b-a), \qquad AC_2 = 0.382(b-a),$$

所以

$$x_1 = a + \frac{\sqrt{5}-1}{2}(b-a), \qquad x_2 = a + \frac{3-\sqrt{5}}{2}(b-a),$$

或 $$x_1 = a + 0.618(b-a), \qquad x_2 = a + 0.382(b-a). \tag{*}$$

由（＊）式得

$$x_1 = a + 0.618(b-a) = a + (1-0.382)(b-a)$$
$$= a + b - [a + 0.382(b-a)] = a + b - x_2,$$
$$x_2 = a + 0.382(b-a) = a + (1-0.618)(b-a)$$
$$= a + b - [a + 0.618(b-a)] = a + b - x_1.$$

由以上结论可得如下性质.

性质 5　若在区间 $[a,b]$ 内有一个黄金分割点位值为 x_1，且 $x_1 = a+b-x_2$ 时，那么另一个黄金分割点位值为 x_2，且 $x_2 = a+b-x_1$.

根据上述公式和性质，我们较容易求出黄金分割点来.

例 1　求公路 20 m 到 120 m 的线段上黄金分割点的位置在何处.

解　如图 3-98 所示，设在区间 $[20,120]$ 上有两个黄金分割点 x_1、x_2.

图 3-98

由（＊）式得

$$x_1 = 20 + 0.618(120-20) = 81.8.$$

由性质 5 得

$$x_2 = 20 + 120 - 81.8 = 58.2.$$

例 2　某钻井队计划在相距 2000 m 的 A、B 井间的两个黄金分割点处，再钻两井，求它们距 A 井的距离各是多少？

解　如图 3-99 所示，AB 相距 2000 m，C_1、C_2 为黄金分割点，则

$$AC_1 = 0.618 \times 2000 = 1236,$$
$$AC_2 = 0.382 \times 2000 = 764,$$

即 C_1 距 A 井 1236 m，C_2 距 A 井 764 m.

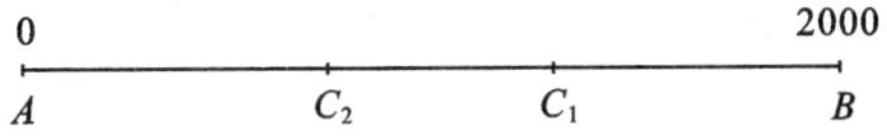

```
        0                           2000
        ├────────┼──────────┼───────┤
        A        C₂         C₁      B
```

图 3-99

例 3　已知线段 AB 长为 100 m，求点 A 到一个黄金分割点间的两个黄金分割点之间的距离.

解　如图 3-100 所示，设 A 对应数 0，B 对应数 100，黄金分割点 C_1 对应数 x_1，黄金分割点 C_2 对应数 x_2，由性质 3 知，C_2 为 AC_1 的一个黄金分割点，于是

$$x_1 = 0.618 \times 100 = 61.8,$$
$$x_2 = 0.382 \times 100 = 38.2.$$

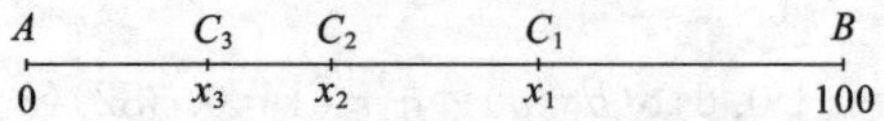

```
 A        C₃       C₂       C₁        B
 0        x₃       x₂       x₁       100
```

图 3-100

由性质 3 知，x_2 为区间 $[0, x_1]$ 内的一个黄金分割点. 根据性质 5 知，区间 $[0, x_1]$ 内的另一个黄金分割点为

$$x_3 = 0 + x_1 - x_2 = 61.8 - 38.2 = 23.6.$$

区间 $[x_3, x_2]$ 长为

$$x_2 - x_3 = 38.2 - 23.6 = 14.6,$$

即区间 $[0, x_1]$ 内两个黄金分割点间的距离为 14.6 m.

 **思考题**

（1）在图 3-100 中，求 $[0, x_2]$ 内两个黄金分割点的对应数值.

（2）求区间 $[10, 100]$ 内的黄金分割点的对应数值.

9.4   0.618 法

这里介绍一下单因素方法中的 0.618 法，亦称为黄金分割法，此法是 1953 年美国的数学家基弗提出的.

人们在生活、生产实践和科学试验中为达到一定目标，总是通过试验来寻找与目标相关的一些因素的最优值（最好结果）. 在实际中与目标有关的因素是很多的，如果在安排试验时，能找到一个对目标影响最大的因素，其他因素保持不变，该法就是单因素试验法，只要我们抓住了主要因素，效果一定十分明显.

单因素试验法也能解决很多问题. 在单因素试验中，选用什么方法进行试验呢？就是在试验中如何安排试验使费用最省、试验次数最少、效果最好的问题. 这里介绍一种方法作为入门指导.

例如炼某种合金钢，加入某种化学元素来加强钢的某种特性，如将碳加入铁中，能增强钢的强度. 如果碳量加多了，便炼成了生铁，缺乏弹性. 如果碳量加少了，便炼成熟铁，缺乏韧性.

已知每吨铁需加入 1000～2000 g 的碳量，我们如何求出最优的加碳量呢？

如果在试验中从 1001 g，1002 g，…一直到 2000 g 进行试验，需做 1000 次试验，才能发现最好的方案，但是做 1000 次试验需要很长时间，又要浪费很多原材料，既不经济，又不划算. 为了迅速找到最优方案，我们采用优选方法来指导试验，即用较少的试验次数、花较短的时间找到最合适的含碳量，这种方法就是单因素优选法,其方法很多,这里仅介绍一种单因素优选法——0.618法.

9.4.1　0.618法的应用原理及步骤

如果在某试验范围内有一个最优值 x^*,求 x^* 的方法如下:

(1) 如果 $[a,b]$ 内存在最优点 x^*,设 $[a,b]$ 内的两个黄金分割点分别为 x_1 和 x_2,那么 x^* 一定存在于 $[a,x_1]$ 或 $[x_2,b]$ 或 $[x_2,x_1]$ 内,如图3-101所示.

$$a \qquad\qquad x_2 \qquad\quad x_1 \qquad\qquad b$$

图 3-101

(2) 如果 x^* 在 $[a,x_1]$ 内,由上节性质3知,x_2 为 $[a,x_1]$ 内的一个黄金分割点,那么另一个黄金分割点 x_3 也可知,且 $x_3 = a + x_1 - x_2$.

如果 x^* 在 $[x_2,b]$ 内,x_1 为 $[x_2,b]$ 内的一个黄金分割点,另一个黄金分割 x_3 也可知,且 $x_3 = x_2 + b - x_1$.

如果 x^* 在 $[x_2,x_1]$ 内,可仿(1)、(2)来求 x^*.

反复利用(1)、(2)就可求出 $[a,b]$ 内的一个最优值. 这种求法称为 ~~0.618法~~ 或 ~~黄金分割法~~.

上述方法不难看出,在 $[a,b]$ 内求最优值,试验范围一次次缩小,只要最少的试验就可找到最优值,是一种省时、少力、省材料的很有用的一种方法.

9.4.2　用0.618法求最优值

例1　若在1 t铁中可加碳 $1000 \sim 2000$ g,求使钢强度最大时最优的加碳量.

解　(1) 如图3-102所示 x_1、x_2 为 $[1000, 2000]$ 内的两个黄金分割点.

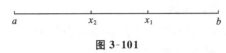

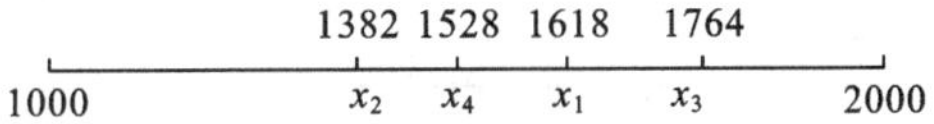

```
          1382 1528 1618  1764
1000        x₂   x₄   x₁   x₃        2000
```

图 3-102

$$x_1 = 1000 + 0.618(2000 - 1000) = 1618,$$
$$x_2 = 1000 + 2000 - x_1 = 1382.$$

将1 t铁加入碳量 x_1,x_2 进行两次试验,比较结果后知,按碳量 x_1 加入,结果最好,去掉试验范围 $[1000, x_2)$ 即 $[1000, 1382)$. 下面在 $[1382, 2000]$ 上进行试验.

(2) 设在 $[1382, 2000]$ 内的一个黄金分割点为 x_3,且

$$x_3 = 1382 + 2000 - x_1 = 1382 + 2000 - 1618 = 1764.$$

用碳量 x_3 进行试验,试验结果与按 x_1 试验的结果比较知,按碳量 x_1 试验的结果最好. 我们将试验范围 $(x_3, 2000]$ 即 $(1764, 2000]$ 去掉,在 $[1382, 1764]$ 上进行试验.

(3) 设在$[1382,1764]$上的一个黄金分割点为x_4,且

$$x_4=1382+1764-x_1=1382+1764-1618=1528.$$

用碳量x_4进行试验,试验结果与按碳量x_1试验的结果比较知,按碳量x_4试验的结果最好.这时去掉试范围$[1382,x_1)$即$[1382,1618)$,仿上在$[1618,1764]$上进行试验.如果满足钢的目标要求就停止试验,最后的结果即为所求的最优值.

综上所述,使钢强度最大时最优的加碳量范围为$1618\sim1764$ g.

例2 猪饲料配方优选问题.

某养猪厂为节省饲料费用,采用粗细谷物糠搭配稻草糠混合喂养猪,这种配料既肥猪,又省费用,问搭配多少稻草糠最合适呢?

试验目标是在谷物糠中加入稻草糠后不影响猪平时的进食量,这样猪才能养肥,又省饲料费用.

养猪厂的猪每天吃谷物糠总量为 100 kg,如果谷物糠和稻草糠混合量为 100 kg,每天吃完无剩余,稻草糠加多少最合适,求稻草糠最优添加量.

解 这里用 0.618 法进行试验.因为谷物糠每天 100 kg,猪吃完无剩余,而谷物糠、稻草糠各 50 kg 混合后猪不爱吃有剩余,所以我们应在稻草糠添加量 0~50 kg 中进行选优.

首先,在$[0,50]$内取两个黄金分割点x_1、x_2,如图 3-103 所示.

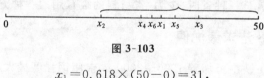

图 3-103

$$x_1=0.618\times(50-0)=31,$$
$$x_2=0+50-31=19.$$

试验结果列表如下:

试验次数	稻草糠量/kg	谷物糠量/kg	总 量/kg	试 验 结 果
1(x_1)	31	69	100	爱吃,无剩余
2(x_2)	19	81	100	爱吃,无剩余
3(x_3)	38	62	100	不爱吃,有少量剩余
4(x_4)	26	74	100	无剩余
5(x_5)	33	67	100	有少量剩余
6(x_6)	28	72	100	爱吃,无剩余

其次,在$[x_2,50]$即$[19,50]$内取黄金分割点x_3,且进行实验,得

$$x_3=x_2+50-x_1=19+50-31=38.$$

试验结果见上表.

第三,在 $[x_2,x_3]$ 即 $[19,38]$ 内取黄金分割点 x_4,且进行实验,得
$$x_4=x_2+x_3-x_1=19+38-31=26.$$
试验结果见上表.

第四,在 $[x_4,x_3]$ 即 $[26,38]$ 内取黄金分割点 x_5,且进行实验,得
$$x_5=x_4+x_3-x_1=26+38-31=33.$$
试验结果见上表.

第五,在 $[x_4,x_5]$ 即 $[26,33]$ 内取黄金分割点 x_6,且进行实验,得
$$x_6=x_4+x_5-x_1=26+33-31=28.$$
试验结果见上表.

综上所述,可知谷物糠 72 kg、稻草糠 28 kg 为最优方案.

像这类应用还很多,如有一活性菌,如果将它放入水中,其活性与水温有关,在 20 ℃～80 ℃ 之间发散增大,问何种温度使它发散最大呢? 可用 0.618 法求最佳水温,等等.

思考题　　　你能举出几个需要优化的问题吗? 且求出最优值.

9.4.3　求近似值

优选法应用范围很广,除了在配方配比、工艺设计、仪器调试、试验、优选、自动控制等方面有应用外,还在绘图、工程计算等方面也有应用.这里仅介绍两例说明如何用 0.618 法进行近似计算.

例 1　求方程 $x^2+x-1=0$ 的一个正根,精确到 0.01.

解　因为 $x^2+x-1=0$,当 $x=0$ 时,$x^2+x-1=-1<0$;

当 $x=1$ 时,　　　　$x^2+x-1=1+1-1=1>0.$

如果 $x=x^*$ 为方程的正根,有 $x^{*2}+x^*-1=0$,因此 x^* 必在 $[0,1]$ 内,这样我们可用 0.618 法来求 x^* 的近似值.

首先,在 $[0,1]$ 内取黄金分割点 x_1、x_2,如图 3-104 所示.

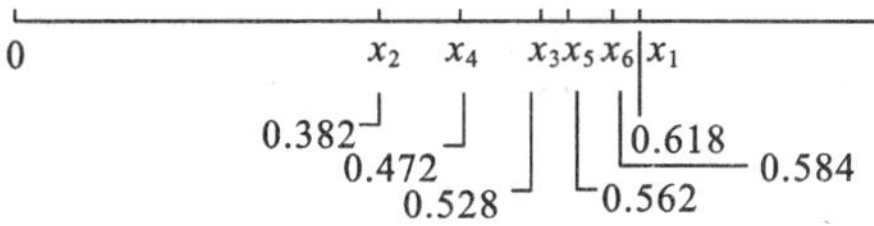

图 3-104

$$x_1=0.618\times1=0.618,\quad x_2=0.382\times1=0.382.$$
当 $x_1=0.618$ 时,

$$x_1^2 + x_1 - 1 = 0.618^2 + 0.618 - 1 = -0.000076 < 0.$$

当 $x_2 = 0.382$ 时，

$$x_2^2 + x_2 - 1 = -0.472076 < 0.$$

因此，x^* 在 $[x_2, x_1]$ 即 $[0.382, 0.618]$ 内。

因 x_1, x_2 代入方程都为负数，但 x_1 比 x_2 好，去掉 $[0, x_2)$ 和 $(x_1, 1]$。

其次，在 $[x_2, x_1]$ 内取黄金分割点 $x_3 、x_4$，如图 3-104 所示，且

$$x_3 = x_2 + 0.618(x_1 - x_2) = 0.382 + 0.618 \times 0.236 = 0.528,$$

$$x_4 = x_2 + x_1 - x_3 = 0.382 + 0.618 - 0.528 = 0.472.$$

当 $x_3 = 0.528$ 时，

$$x_3^2 + x_3 - 1 = 0.528^2 + 0.528 - 1 = -0.193 < 0.$$

当 $x_4 = 0.472$ 时，

$$x_4^2 + x_4 - 1 = -0.305 < 0.$$

因为 $|x_3^2 + x_3 - 1| < |x_4^2 + x_4 - 1|$，所以选点 x_3 比选点 x_4 好，去掉 $[x_2, x_4)$。

第三，在 $[x_4, x_1]$ 内取黄金分割点 x_5，如图 3-104 所示，且

$$x_5 = x_4 + x_1 - x_3 = 0.472 + 0.618 - 0.528 = 0.562.$$

当 $x_5 = 0.562$ 时，

$$x_5^2 + x_5 - 1 = 0.562^2 + 0.562 - 1 = -0.122156 < 0.$$

因为 $|x_5^2 + x_5 - 1| < |x_3^2 + x_3 - 1|$，所以选点 x_5 比选点 x_3 好，去掉 $[x_4, x_3)$。

第四，在 $[x_3, x_1]$ 取黄金分割点 x_6，如图 3-104 所示，且

$$x_6 = x_3 + x_1 - x_5 = 0.528 + 0.618 - 0.562 = 0.584.$$

当 $x_6 = 0.584$ 时，

$$x_6^2 + x_6 - 1 = 0.584^2 + 0.584 - 1 = -0.074944 < 0.$$

因为 $|x_6^2 + x_6 - 1| < |x_5^2 + x_5 - 1|$，所以选点 x_6 比选点 x_5 好，去掉 $[x_3, x_5)$。

第五，在 $[x_5, x_1]$ 取黄金分割点 x_7，如图 3-105 所示，且

$$x_7 = x_5 + x_1 - x_6 = 0.562 + 0.618 - 0.584 = 0.596.$$

当 $x_7 = 0.596$ 时，

$$x_7^2 + x_7 - 1 = 0.596^2 + 0.596 - 1$$
$$= -0.048784 < 0.$$

因为 $|x_7^2 + x_7 - 1| < |x_6^2 + x_6 - 1|$，所以选点 x_7 比选点 x_6 好，去掉 $[x_5, x_6)$。

第六，在 $[x_6, x_1]$ 取黄金分割点 x_8，如图 3-105 所示，且

$$x_8 = x_6 + x_1 - x_7 = 0.584 + 0.618 - 0.596$$
$$= 0.606.$$

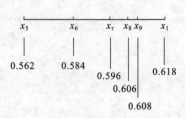

图 3-105

当 $x_8 = 0.606$ 时，

$$x_8^2 + x_8 - 1 = 0.606^2 + 0.606 - 1 = -0.026764 < 0.$$

因为 $|x_8^2 + x_8 - 1| < |x_7^2 + x_7 - 1|$，所以选点 x_8 比选点 x_7 好，去掉 $[x_6, x_7)$.

第七，在 $[x_7, x_1]$ 取黄金分割点 x_9，如图 3-105 所示，且

$$x_9 = x_7 + x_1 - x_8 = 0.596 + 0.618 - 0.606 = 0.608.$$

当 $x_9 = 0.608$ 时，

$$x_9^2 + x_9 - 1 = 0.608^2 + 0.608 - 1 = -0.22336 < 0.$$

因为 $|x_9^2 + x_9 - 1| < |x_8^2 + x_8 - 1|$，所以选点 x_9 比选点 x_8 好.

综上所述，可知 x^* 在 $[x_9, x_1]$ 内，而且

$$|x^* - x_9| < |x_9 - x_1| = |0.608 - 0.618| = 0.01,$$

因此 $x_9 = 0.608$ 即为所求.

例 2　求 $\sqrt{5}$ 的近似值，误差在 0.01 的范围内.

解　设 $\sqrt{5} = x$，即 $x^2 - 5 = 0$. 当 $x = 2$ 时，$x^2 - 5 = 4 - 5 = -1 < 0$.

当 $x = 3$ 时，$x^2 - 5 = 3^2 - 5 = 4 > 0$. 设方程 $x^2 - 5 = 0$ 的一个正根为 x^*，即当 $x = x^*$ 时，有 $(x^*)^2 - 5 = 0$，可知 x^* 在 $[2, 3]$ 内. 下面用 0.618 法求 x^* 的一个近似值，误差在 0.01 的范围内.

首先，在 $[2, 3]$ 内选取两个黄金分割点 x_1, x_2，如图 3-106 所示.

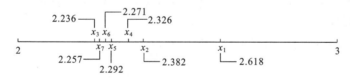

图 3-106

$$x_1 = 2 + (3 - 2) \times 0.618 = 2.618,$$
$$x_2 = 2 + 3 - x_1 = 5 - 2.618 = 2.382.$$

当 $x_1 = 2.618$ 时，

$$x_1^2 - 5 = 2.618^2 - 5 = 1.853924 > 0.$$

当 $x_2 = 2.382$ 时，

$$x_2^2 - 5 = 2.382^2 - 5 = 0.673924 > 0.$$

即 $|x_2^2 - 5| < |x_1^2 - 5|$，所以选点 x_2 比选点 x_1 好，去掉 $(x_1, 3]$.

其次，在 $[2, x_1]$ 内选取两个黄金分割点 x_3，如图 3-106 所示，且

$$x_3 = 2 + x_1 - x_2 = 2 + 2.618 - 2.382 = 2.236.$$

当 $x_3 = 2.236$ 时，

$$x_3^2 - 5 = 2.236^2 - 5 = -0.000304 < 0.$$

因为 $x_3^2-5<0$，$x_2^2-5>0$，显知 x^* 在 $[x_3,x_2]$ 内.

第三，在 $[x_3,x_2]$ 内选取两个黄金分割点 x_4、x_5，如图 3-106 所示，且

$$x_4=x_3+0.618(x_2-x_3)=2.236+0.618\times(2.382-2.236)=2.326,$$
$$x_5=x_3+x_2-x_4=2.236+2.382-2.326=2.292.$$

当 $x_4=2.326$ 时，

$$x_4^2-5=2.326^2-5=0.410276>0.$$

当 $x_5=2.292$ 时，

$$x_5^2-5=2.292^2-5=0.253264>0.$$

因为 $|x_4^2-5|>|x_5^2-5|$，所以选点 x_5 比选点 x_4 好.

又因为 $x_5^2-5>0$，$x_3^2-5<0$，显知 x^* 在 $[x_3,x_5]$ 内.

第四，在 $[x_3,x_5]$ 内选取两个黄金分割点 x_6、x_7，如图 3-106 所示，且

$$x_6=x_3+0.618(x_5-x_3)=2.236+0.618\times(2.292-2.236)=2.271,$$
$$x_7=x_3+x_5-x_6=2.236+2.292-2.271=2.257.$$

当 $x_6=2.271$ 时，

$$x_6^2-5=2.271^2-5=0.1574>0.$$

当 $x_7=2.257$ 时，

$$x_7^2-5=2.257^2-5=0.094049>0.$$

因为 $|x_7^2-5|<|x_6^2-5|$，所以选点 x_7 比选点 x_6 好，且
$x_7^2-5>0$，显知 x^* 在 $[x_3,x_7]$ 内.

第五，在 $[x_3,x_7]$ 内选取两个黄金分割点 x_8、x_9，如图
3-107 所示.

图 3-107

$$x_8=x_3+0.618(x_7-x_3)=2.236+0.618\times(2.257-2.236)=2.249,$$
$$x_9=x_3+x_7-x_8=2.236+2.257-2.249=2.244.$$

因为
$$x_8^2-5=2.249^2-5=0.058001>0,$$
$$x_9^2-5=2.244^2-5=0.035536>0,$$
$$|x_9^2-5|<|x_8^2-5|,$$

所以选点 x_9 比选点 x_8 好.

综上所述，x^* 位于 $[x_3,x_9]$ 内，而且

$$|x_9-x^*|<|x_9-x_3|=|2.244-2.236|=0.008<0.01,$$

所以 $x_9=2.244$ 即为所求.

思考题

(1) 求方程 $x^2+x=2$ 的一个根，误差在 0.01 范围内.

(2) 求 $\sqrt{11}$ 的近似值，误差在 0.01 范围内.